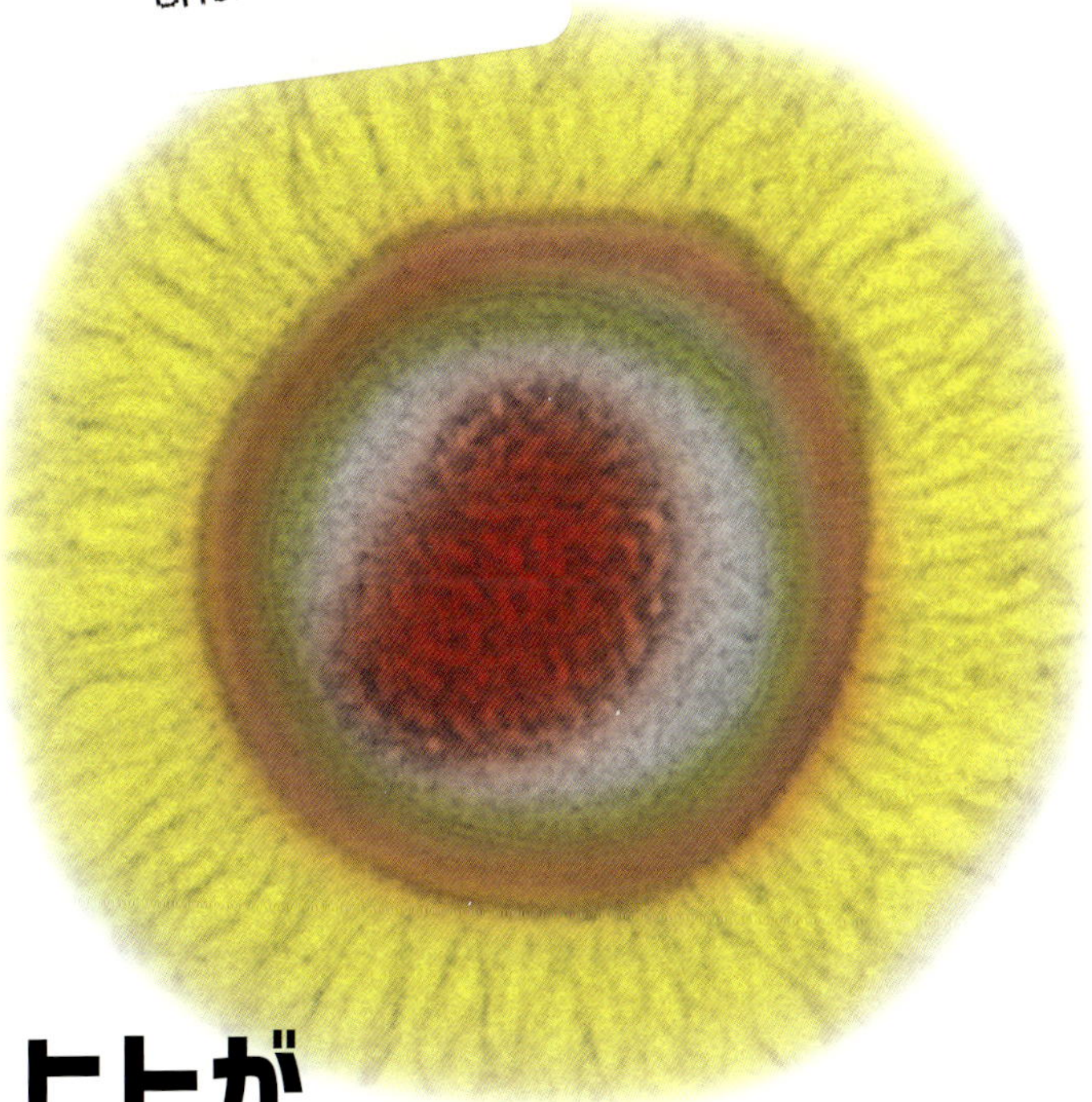

ヒトがいまあるのはウイルスのおかげ!

武村政春
Takemura Masaharu
東京理科大学教授

さくら舎

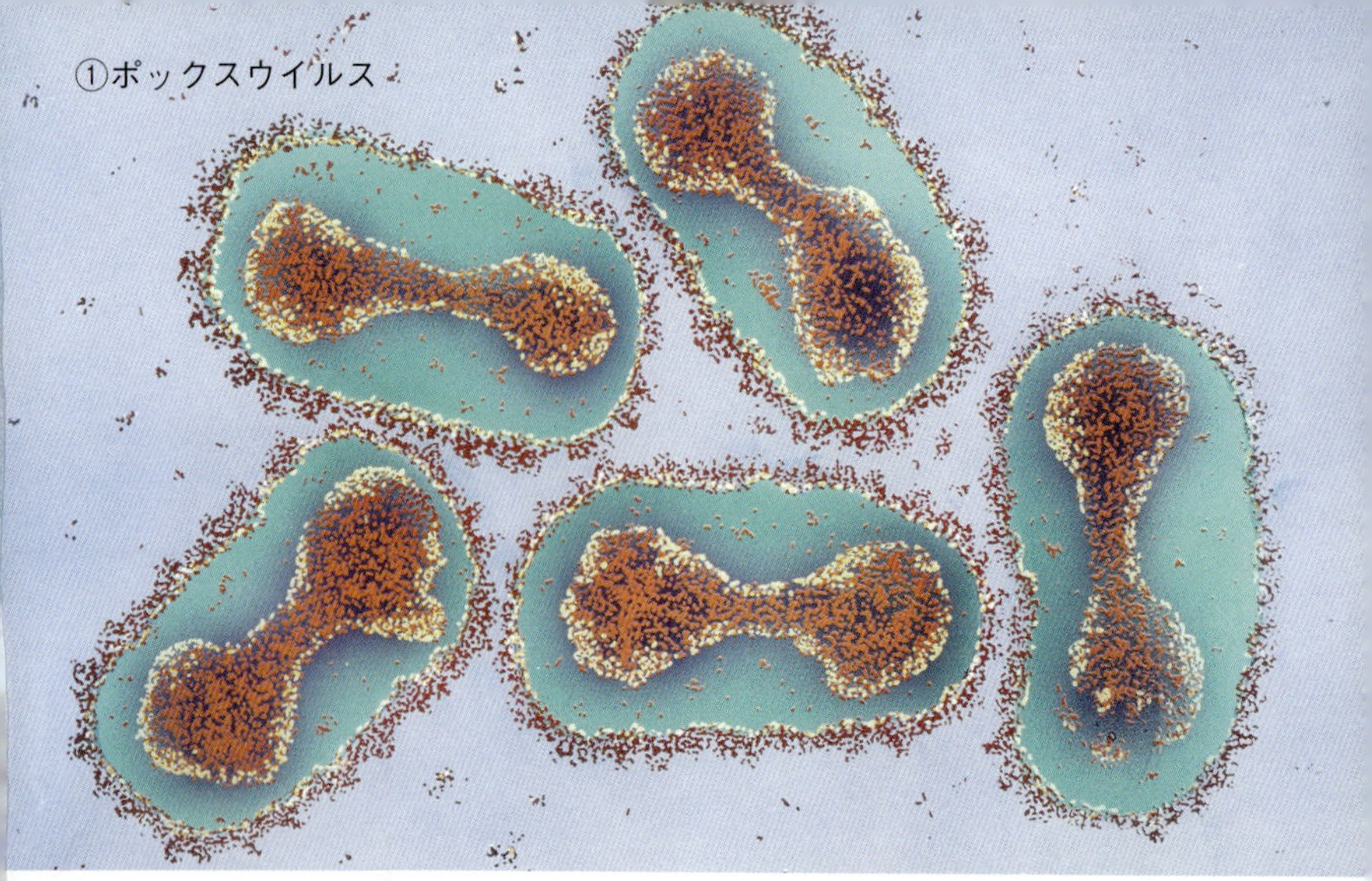

①ポックスウイルス

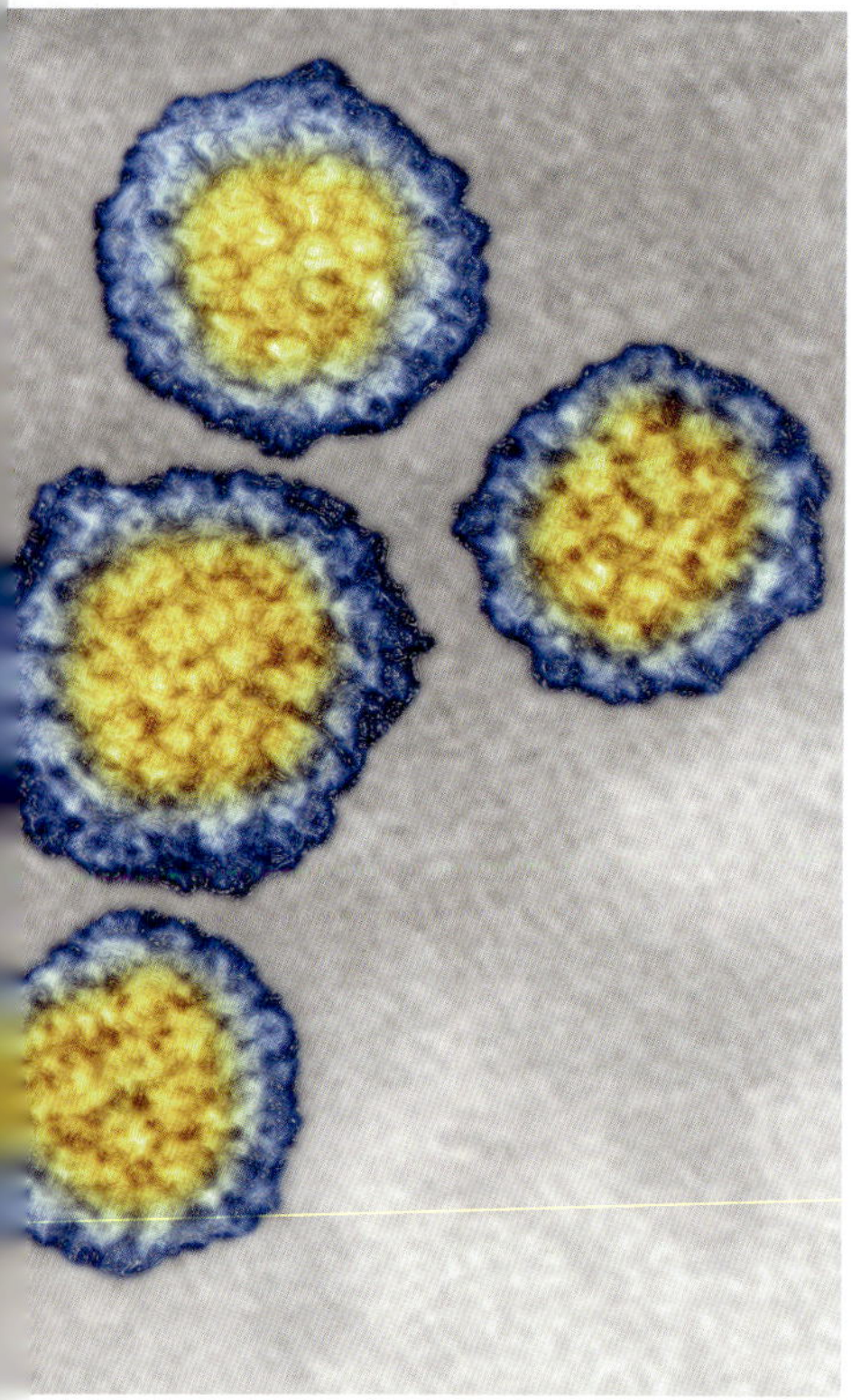

④ヒトパピローマウイルス(HPV)

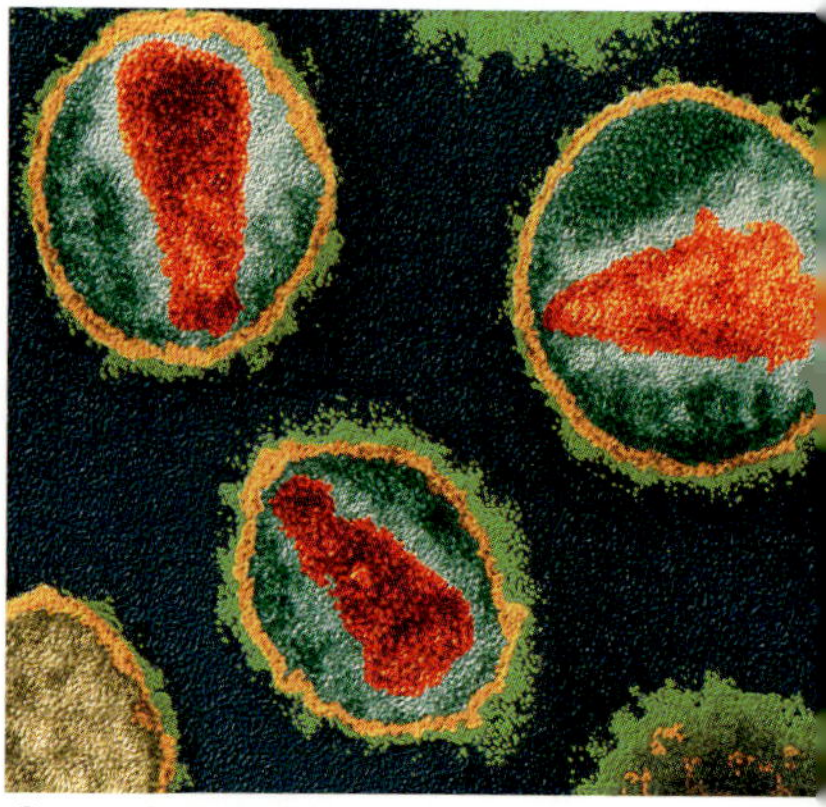

②ヒト免疫不全ウイルス(HIV)

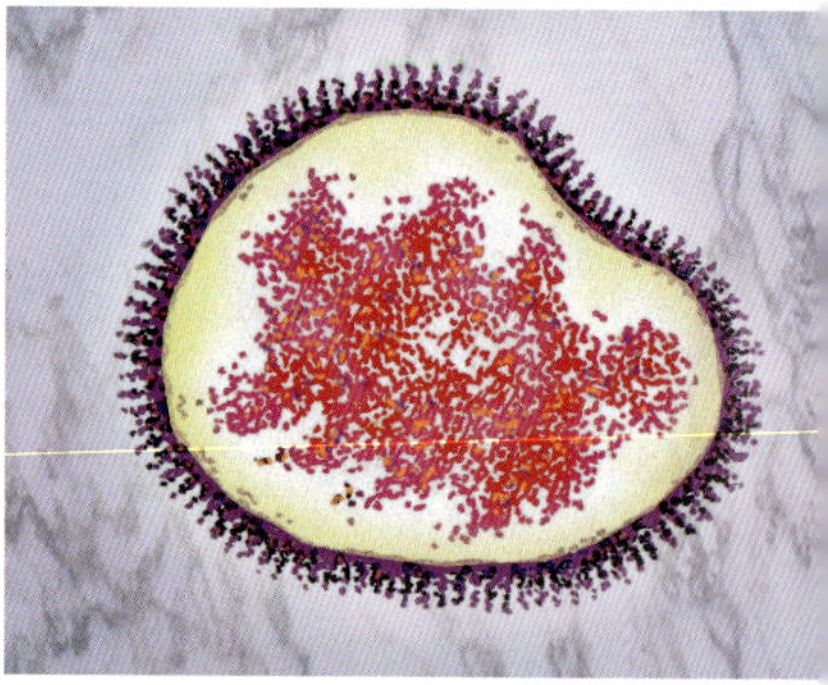

③鳥インフルエンザウイルス

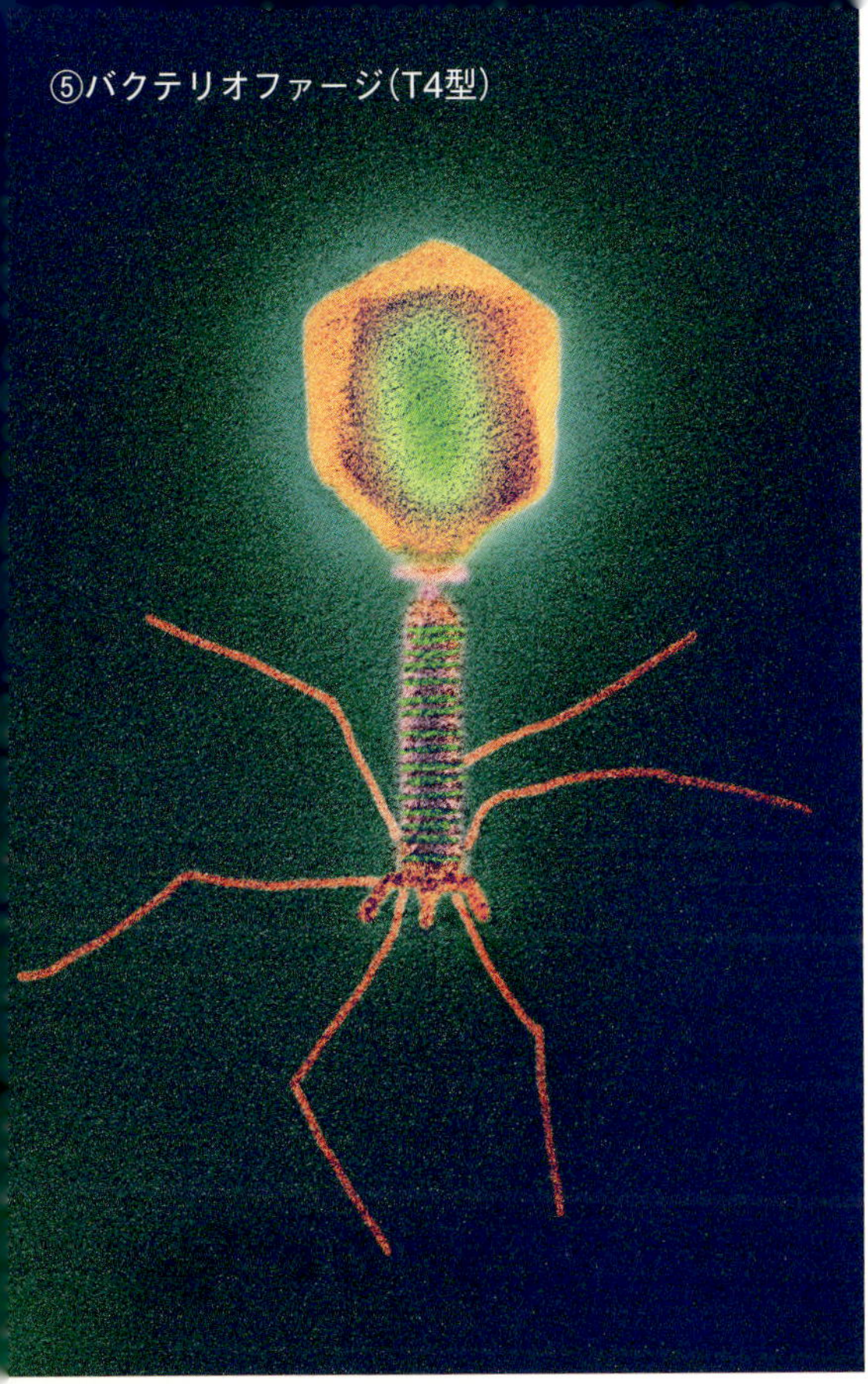

⑤バクテリオファージ(T4型)

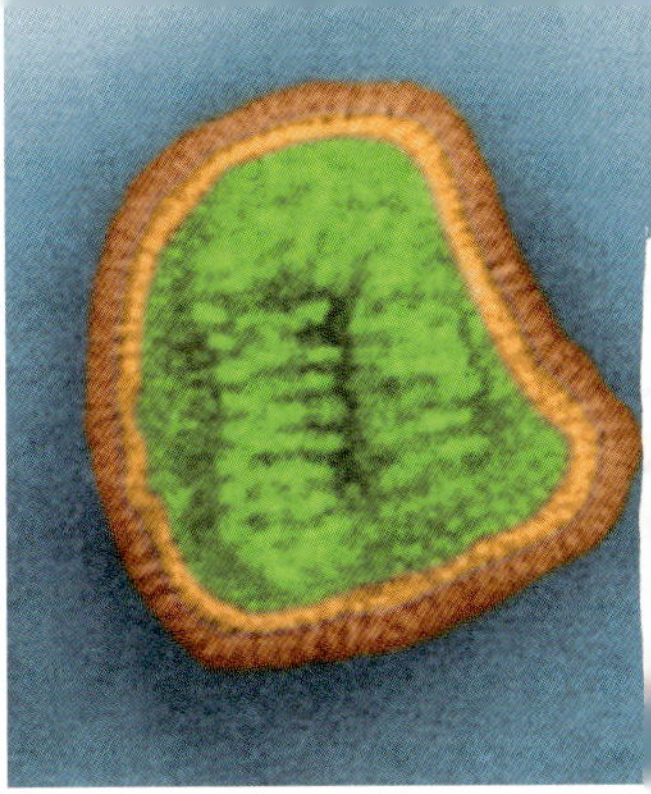

⑥インフルエンザウイルス

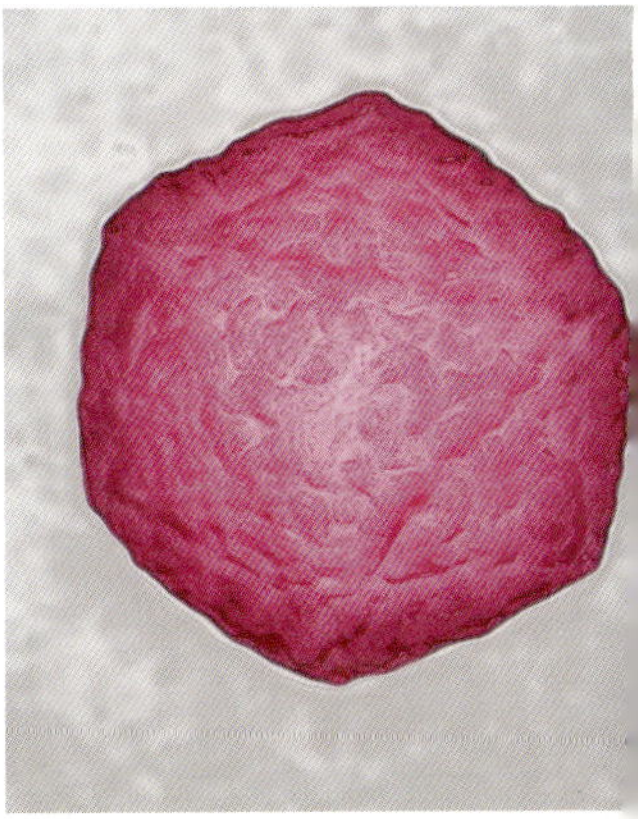

⑦A型肝炎ウイルス

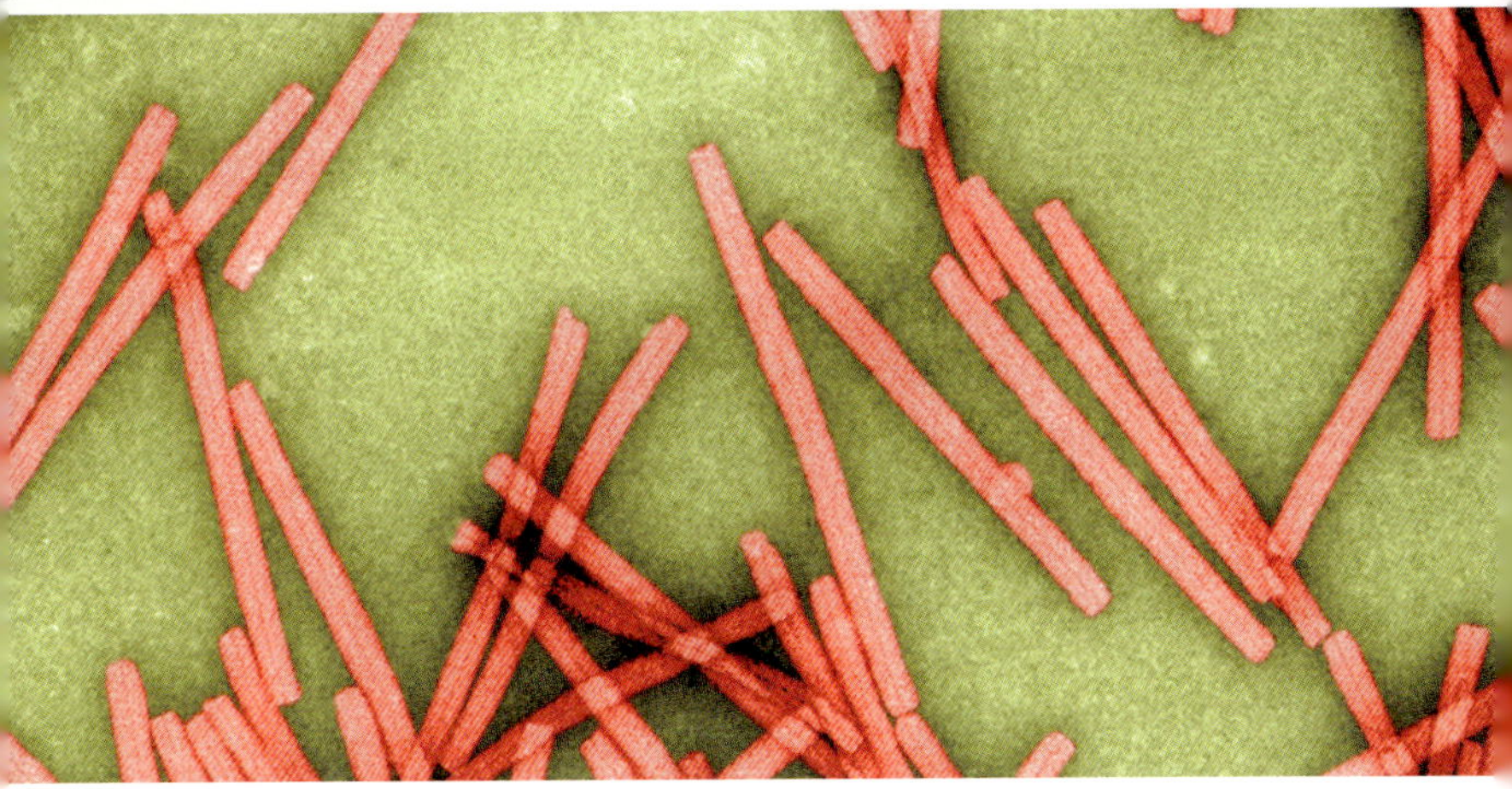

⑧タバコモザイクウイルス

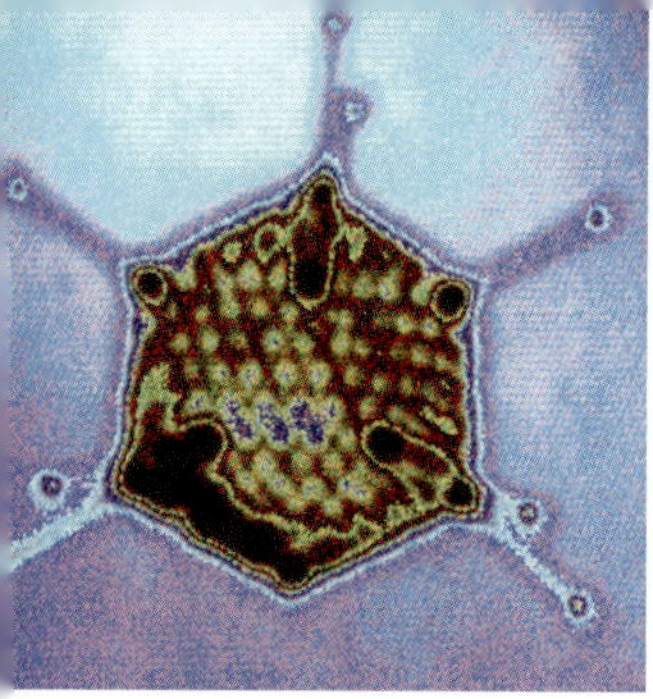
⑩アデノウイルス

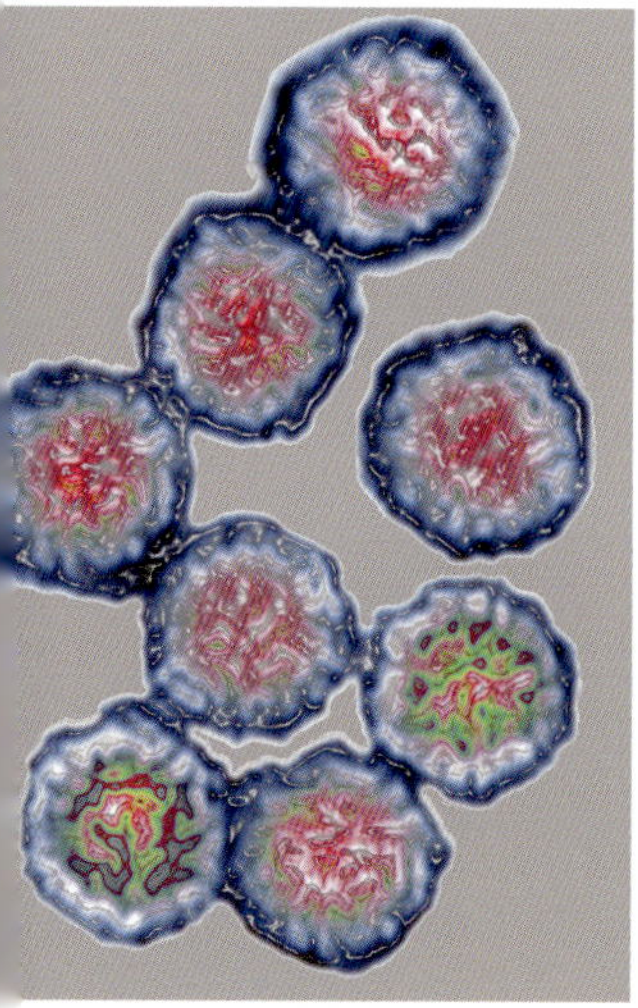
⑪ライノウイルス

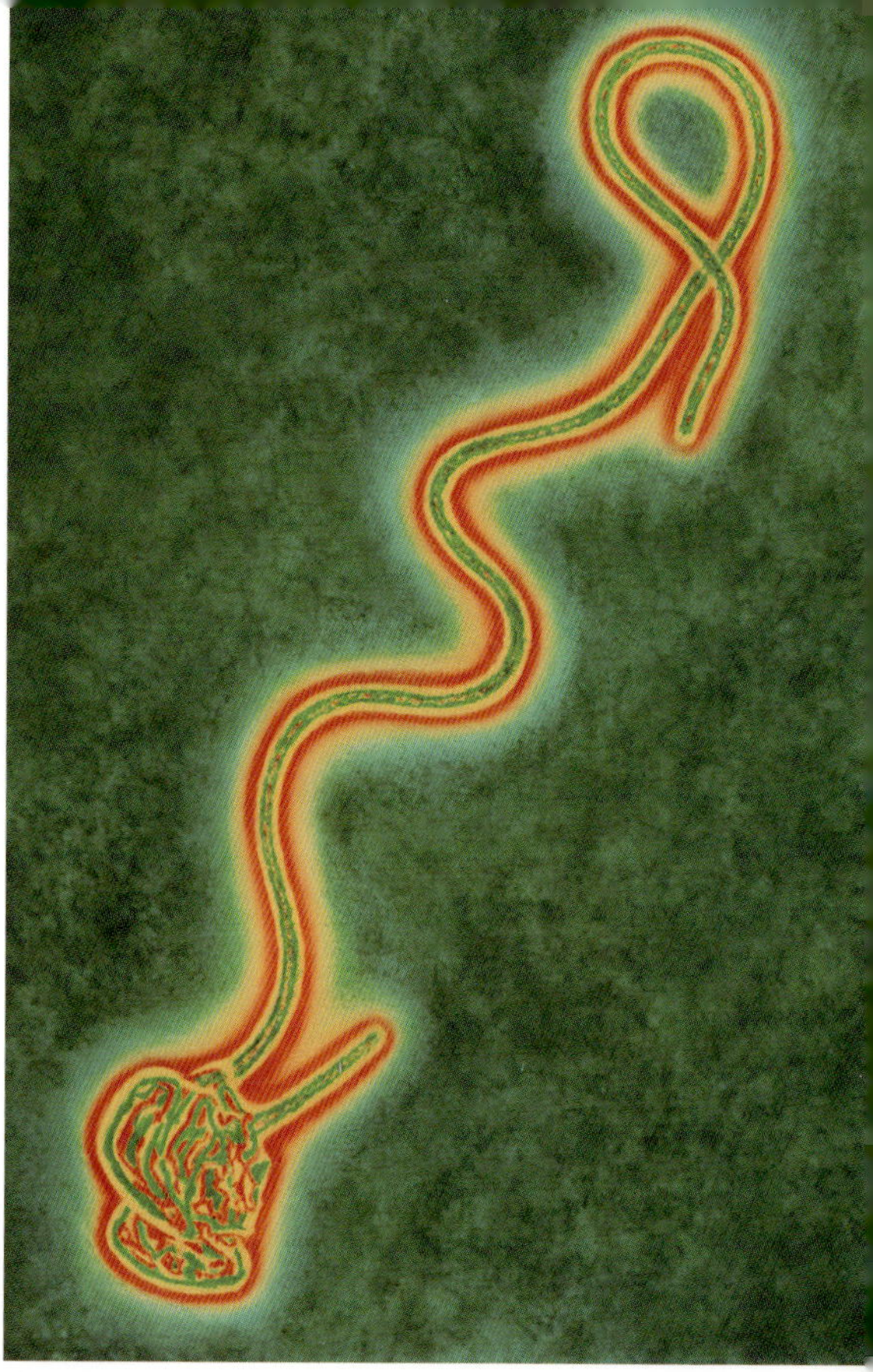
⑨エボラウイルス

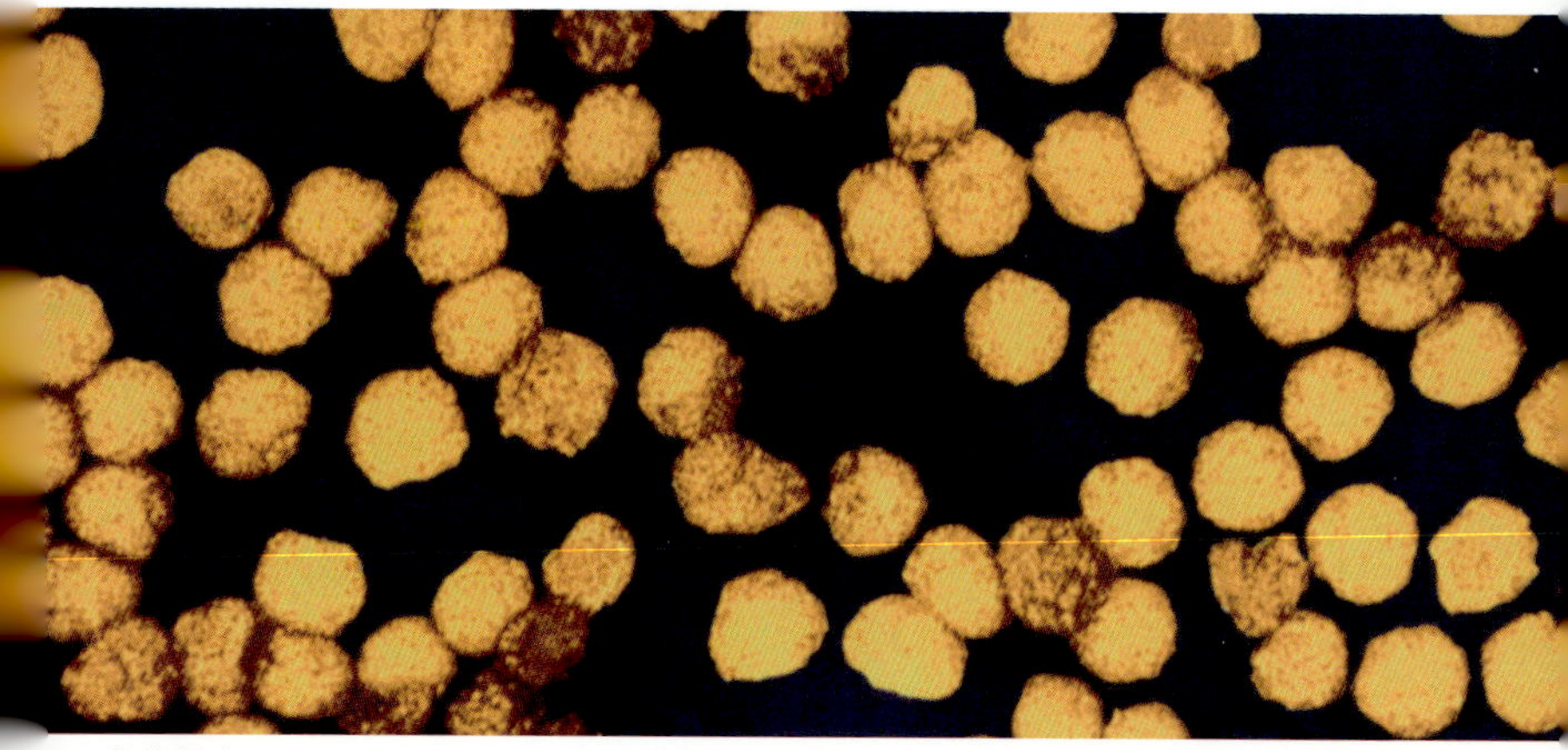
⑫黄熱ウイルス

はじめに

ウイルスはすぐそこにいる

ウイルスと聞くと「病気の原因！」ととっさに思い浮かべる人が多いのではないでしょうか。あるいは「パソコンやスマホに感染して被害をもたらすコンピュータウイルス」を想像するかもしれません。そう、どちらも「感染によって災《わざわ》いをもたらすもの」「危害を与えるもの」という認識です。

この本で取り上げるのは前者、ヒトや動植物など生物に感染するウイルスですが、ウイルスのすべてが病気を引き起こすわけではありません。むしろ圧倒的多数のウイルスは、感染しても病気を引き起こしません。

じつは、**わたしたちのまわりはウイルスでいっぱいです。**空気中にも水の中にも、当たり前のように浮遊しています。それどころかみなさんの皮膚にも髪にも相当数のウイルスが付着していますし、体内にも兆単位（！）のウイルスが確実に存在しています。

ウイルスは謎だらけ

そもそもウイルスとは、**生き物なのか単なる物質なのか判然としない謎の存在**です。いまのところ「生物ではない」ということになっていますが、どういうわけか遺伝子をもっていて、生物の力を借りて（というか勝手に使って）増殖《ぞうしょく》します。

その一方で、なぜ、そんなふるまいをするのか謎、どうやって存在するようになったのかも謎。謎だらけの存在なのです。

ウイルスはものすごく小さくて、基本的に電子顕微鏡を使わなくては見えません。普通の細菌《さいきん》よりも1～2桁《けた》小さいのです。遺伝子も最小限しかもっていません。

自分で子孫をつくる仕組みももっていないので、生物の細胞を乗っ取り、その機能を使って、工場のようにどんどんどんどん自分のコピーを大量生産します。ものすごいスピードで増殖していくのです。

極小の体に強大なパワー

多くのウイルスは、人間や動植物には無害で共存していますが、感染して病気をもたらす連中も一部います。インフルエンザ、麻疹《はしか》、帯状疱疹《たいじょうほうしん》、アデノウイルスやライノウイルスによる風邪《かぜ》、ノロウイルスによる下痢《げり》・嘔吐《おうと》などがそうです。

なかにはエイズの病原体であるＨＩＶ（ヒト免疫《めんえき》不全ウイルス）など、死にいたる病をもたらすウイルスもいます。

ものすごく小さいのに、強大な力をもつウイルス。

感染力を失えば「死んだ」といっていいのでしょうが、ときに死んだはずなのに生き返ることもある。やはり生物とは一線を画《かく》した存在に思えてきます。

「巨大ウイルス」が見せる新世界

そんなウイルスに関する常識が、じつは21世紀に入ったあたりから揺らいでいます。

きっかけは２００３年の「巨大ウイルス」の発見でした。

そもそもウイルスはものすごく小さい粒子なのに、「巨大」とはどういうことなのでしょう？　調べていくと、細菌と同じくらい大きくて、生物に近い複雑な遺伝子をもっていました。

いつ、どのように巨大ウイルスは登場したのか、他のウイルスとはどういう関係にあるのか――巨大ウイルスを手がかりにして、いま、生物の進化について、まったく新しいメカニズムが判明しつつあります。われわれ生物の進化とウイルスが深く関係している、と考えられるようになったのです。

世界中で研究が進むとともに、これまで考えられていた生物と非生物の境目もあいまいになってきました。

「ウイルスはわれわれ生物の創造主？」

「われわれ生物はウイルスが増えるための存在？」

ウイルスと生物の関係が解き明かされたとき、もしかすると、そんな〝ウイルス数十億年のたくらみ〟が明らかになってしまうかもしれません。

東京理科大学教授　武村政春《たけむらまさはる》

目次

目次

ヒトがいまあるのはウイルスのおかげ！
——役に立つウイルス・かわいいウイルス・創造主のウイルス

はじめに

第1章

あなたの隣の不思議なウイルス
～生物ではないのに増えていく

第2章 ウイルスは何をしているのか
～ミニマリストで働き者

第3章 ウイルスと人間 ～毒にも薬にもなる利用法

第4章 ウイルスのスゴい能力
～変身したり爆増したり

第5章 ウイルスは元は生物だった？
～ありえない存在がぞくぞく発見

第6章 ウイルスはわれわれ生物の創造主!?
～世界の見方が大転換

ヒトがいまあるのはウイルスのおかげ！

――役に立つウイルス・かわいいウイルス・創造主のウイルス

第1章

あなたの隣の不思議なウイルス

～生物ではないのに増えていく

この世界はウイルスだらけ！

ウイルスはどこにでもいます。

空気中にも、水の中にも、わたしたちの体内にも。今日食べた豚肉やキュウリの中にも。近所のイヌやネコの中にも。庭先のクモや虫の中にも。目には見えないけれども、わたしたちが生活している環境には、ごく当たり前のように存在しています。

雨つぶの中にもたくさんいますし、飛び散った飛沫《ひまつ》の中にはたくさんのウイルスが潜《ひそ》んでいるので、わたしたちは傘《かさ》をさして歩いても、たくさんのウイルスを全身に浴びています。ウイルスは気づかないけれどとても身近な存在なのです。

そんなことを聞くと、

「インフルエンザウイルスとかノロウイルスとかも、たくさん飛んでいるの？」

「エイズ（後天性免疫不全症候群）、エボラ出血熱、鳥インフルエンザなど、ウイルスって恐ろしい病気の原因になっているのに大丈夫？」

などと不安を感じる人もいそうですね。

最初に断っておきますが、地球上の全ウイルスのうち、ヒトに感染して病気を引き起こすウイルスはごくわずかです。**ほとんどのウイルスは人間に悪さをしません。**ウイルスの総数たるや、地球上の全生物の全細胞の数よりも多いことは確実ですが、病気をもたらすウイルスはごく限られた存在です。

ナメたり油断したりしてはいけないけれど、ウイルスを排除しようなんてことはできません。もしかすると、ウイルスは単なる病原体ではなくて、生物進化の立役者だったのではないか——そんな可能性すら高まっている存在なのです。

われわれはウイルスの海の中を生きている

そもそもウイルスがわたしたちの周囲にこれほどたくさんいるとわかってきたのは、今世紀に入ったあたりから。というのも、少し前までウイルスの研究は、人間に感染して害をなす、いわゆる病原性ウイルスのみを対象にしてきました。病気を引き起こさないウイルスの存在は、たいして注目もされなかったのです。

ところが最近になって、人間以外に感染するウイルス、つまり**病原性のないウイルス**

がものすごくたくさんいることがわかってきました。わたしが研究している「巨大ウイルス」もそのひとつで、いままでのウイルスの常識や、生物との関係の定説をひっくり返すような、とても興味深い特徴がいくつも見つかっています。

「そんなに巨大なら、なぜいままで見つからなかったのか？」

よく、そういわれます。身も蓋《ふた》もない言い方をすれば、病原性のないウイルスは、研究者の興味を引かなかったから、というのがいちばんの理由でしょうが、病原性のないウイルスは見つけにくかったから、ということもいえるでしょう。もしかしたら、「見ていても見えなかった」こともあったかもしれません。

ウイルスが原因になっている病気には風邪《かぜ》、インフルエンザ、ヘルペス、肝炎《かんえん》、さらには一部のがん、エイズやエボラ出血熱など、社会に影響の大きな病気が多いので、研究者はその病気に関するウイルスは懸命に研究します。そこには当然儲かるかとか、研究費が出るかといったお金の問題もからんできます。

ともあれ、われわれ人間がその気になって周囲を眺《なが》めると、あたりはウイルスだらけの世界が広がっていました！　いままで見ていたのは単に氷山の一角にすぎません。1滴の海水には何億という数のウイルスがいるはずです。コップ1杯なら何兆個というレベルでしょう。

実際、ドイツにあるプルスゼー湖という湖の水の中には、**1ミリリットルあたり約2億5000万個のウイルスがいたそうです**。2億5000万個！ 日本の人口は1億2600万人ですから、その倍近い数が1ミリリットルの中にひしめいていることになります（ウイルスを人間に置き換えても仕方ないですが）。

文字どおり、〝われわれはウイルスの海の中を生きている〟のです。

ウイルスは細胞内ですごい勢いで増えていく

ウイルスについて、冒頭でさらりと「地球上の全生物の全細胞の数よりも多いことは確実」と述べてしまいましたが、いったいどのくらい多いのか。まずは細胞の数を考えてみましょう。

たとえば人体は、およそ60兆個の細胞からできているといわれています（近年、37兆2000億個という推定値も報告されています）。さらにその数倍、数百兆個もの常在菌《じょうざいきん》（腸内細菌《ちょうないさいきん》ほか皮膚や口の中などに共生している細菌類）がいるとされています。

人体の細胞と細菌（＝単細胞生物）を合わせて、1人あたり仮に300兆個と見積もっても、世界の人口76億人をかけると、それだけで文字どおり天文学的な数字になります。

地球上にはもちろん人間だけでなく、動植物も数え切れないほどいますし、カビやキノコの仲間の菌類もうじゃうじゃいます。

それぞれに膨大《ぼうだい》な数の細胞があり、さらにそれぞれに常在菌がいて、海水にも淡水にも、土の中にも空気中にも無数の細菌や微生物がいて……と考えると、推定することすら不可能でしょう。

そして、そんな**細胞よりもたくさんいるのがウイルス**です。

ウイルスは自力で増えることができず、細胞に感染して増えます。その増え方がまた、尋常ではないのです。

感染して細胞に入ったウイルスは、1個が10万個になるような驚異的な増え方をします。インフルエンザウイルスにいたっては、**1個のウイルスが24時間で100万個という爆増**ぶり。細胞が2つに分裂《ぶんれつ》することをくり返して増殖《ぞうしょく》するのに対して、ウイルスは大量コピーされたように、一気に大量に増殖するためです。

図1：いろいろなウイルス

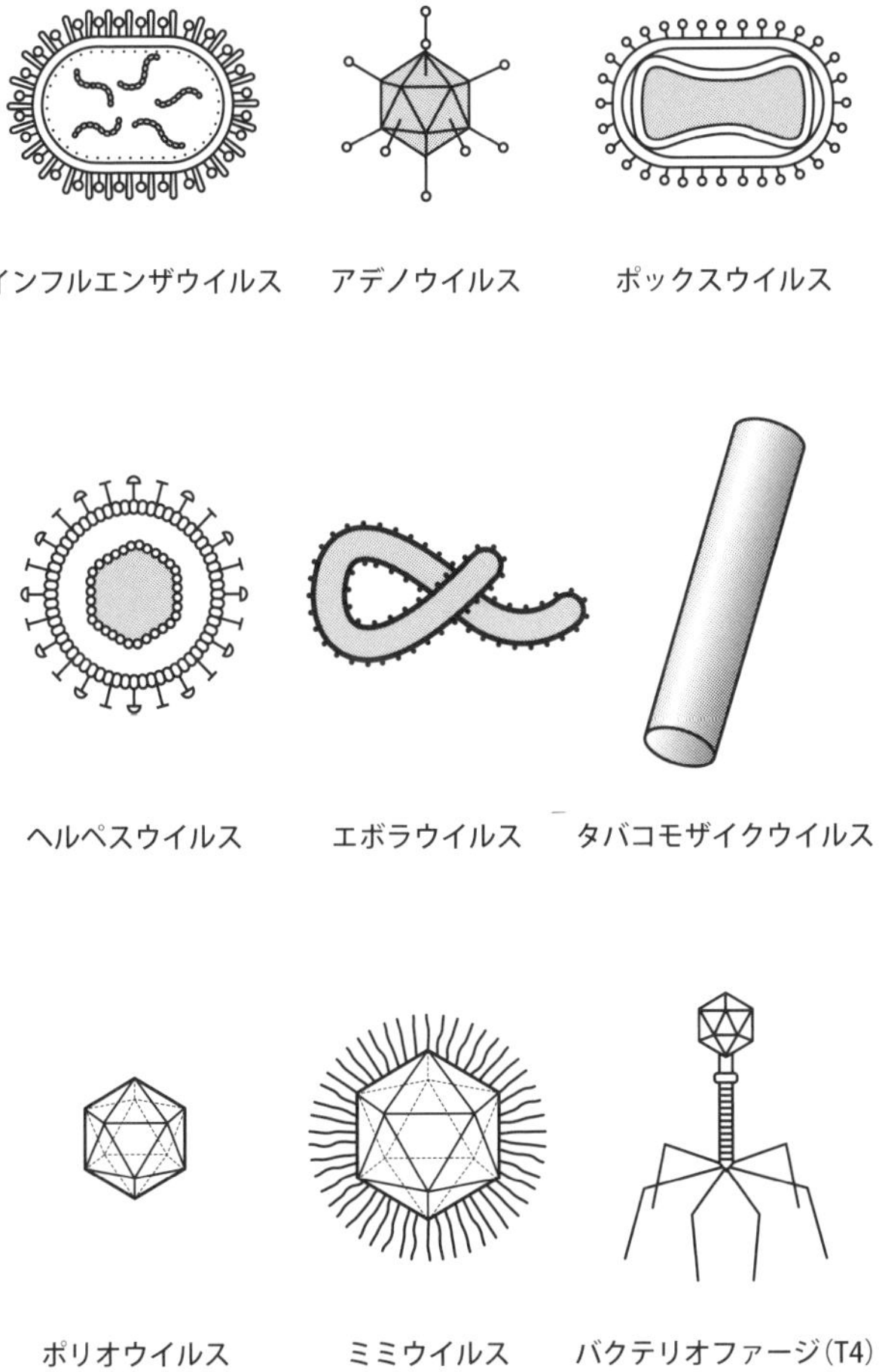

ネットで炎上したりすると、その情報が一気に拡散されますが、それよりも速いスピードかもしれません。

ひとたびウイルスが増殖をはじめたらどれだけハンパない増え方をするか、イメージができるのではないでしょうか。

細胞が1つあれば、ウイルスが感染して猛烈《もうれつ》に増殖する可能性がある、細胞がたくさんあれば、ウイルスが増殖するチャンスもまた多い、ということですから、「地球上の全生物の全細胞の数」よりもウイルスが多いと考えられるのです。


さらにいえば、**ウイルスは地球上に何種類あるかわかっていません。**最近はいろいろな解析《かいせき》技術が発達しているので、どんどん新種が発見されています。

いくつかの系統に分類はされていますが、**未知の新種ウイルスは山ほど**いて、生物の種以上のウイルスがいるのではないかと思います。細菌に近い大きさの「巨大ウイルス」が発見され、関心を集めるようになったのもこの十数年ですから。

総数も種類もそんなにもたくさんいる彼ら、ウイルスはいったい何者で、この地球上で何をしているのでしょうか。

いろいろな病気を引き起こすやっかいな存在でもあるけれども、何億年、何十億年というスケールで生物と関係をもっている。**おそらく生物と共生しているウイルスもたくさんいる。**そう考えたほうが自然です。

ヒトの体内で共生しているウイルスも、見つかっていないだけで存在しているかもしれません。

細菌がいるところ、必ずウイルスもいる

机の上にも、片時も手放せないスマホにも、パソコンのキーボード上にもウイルスはいます。なぜなら空気中にはエアロゾルという、目には見えないごくごく小さい液体や固体の粒子が浮遊して、ウイルスもそこにいるからです。

ですが、多くのウイルスは海水や川の水などのような液体のほうにより多くいると、最近では考えられるようになってきました。雨に降られたり海水浴をしたりすれば、好むと好まざるとにかかわらず、億千万のウイルスに触れたり、水が口に入って億千万のウイル

スを飲み込んだりしています。

いまこの瞬間も、呼吸によって空気中から吸い込んでいるはずです。そんなふうにして、**病気を引き起こさないウイルスは、わたしたちの体の中にたくさん入り込んでいる**ことでしょう。

服にも、髪の毛にも、皮膚の表面にもいるわけで、わたしたちは日常的にウイルスに触れていて、体内にも摂取しながら暮らしているのです。


ヒトの細胞には感染しませんが、「バクテリオファージ」というものがいます。これは細菌（バクテリア）に感染するウイルスで、**細菌がいるところには必ずバクテリオファージがいる**のです。

先述したように、ヒトの皮膚には皮膚常在菌がたくさんいますし、腸内には約１００兆ともいわれる腸内細菌が共生していると聞いたことがあるでしょう。こうした細菌の周辺に、人間には感染せず何の危害も加えないウイルスがたくさんいるわけです。

皮膚は常在菌がいることで、カビ類や病原性の細菌などを寄せつけないでいられます。やみくもに殺菌・消毒するのは皮膚の不調の原因になります。

腸内細菌が食物の消化から免疫機能まで、健康に重要な役割を果たしていることが、近年、いろいろと明らかになってています。腸内細菌のバランスを改善すると、うつや花粉症がよくなるという報告が出てきているほどです。

ヒトの腸管内には乳酸菌やビフィズス菌などの〝善玉菌〟とウェルシュ菌や大腸菌などの〝悪玉菌〟、さらにどちらでもない〝日和見菌《ひよりみ》〟がいて、全体としてバランスを保っています（最近の研究ではおよそ1000種もいるとか）。その様子を花畑になぞらえた「腸内フローラ」という言葉もよく耳にするようになりました。

健康な状態では善玉菌が優勢ですが、悪玉菌が優勢になるとそちらに加担して悪さをするのが日和見菌です。悪玉菌は、発がん性物質をつくったりアレルギーを悪化させたりするので、「善玉菌と悪玉菌のバランスが大事」といわれるわけですね。

これが「腸内フローラがいいバランスに保たれた状態」であり、細菌とヒトがお互いに利益を得ている共生関係（相利共生《そうり》）です。

そして、そんな細菌のまわりには、いつもペアを組んでいるかのようにウイルスがいます。常在菌・腸内細菌だけが存在しているわけではありません。**腸内フローラがいい状態で維持されるためにウイルスが役割を果たしている**、とも考えられます。

多種多様な細菌に対して、おそらくそれぞれに感染するウイルス（バクテリオファージ）がいます。細菌と共存しあってひとつの生態系をつくり出していると理解するのが自然でしょう。いわば**〝皮膚常在菌ウイルス〟〝腸内細菌ウイルス〟**ですね。

ある種の腸内細菌が増えすぎるのを、バクテリオファージが抑えている可能性も考えられるでしょう。大家さん（宿主《しゅくしゅ》）であるヒトと細菌だけでなく、ウイルスも含めて、ひとつの生態系としてとらえる必要があると思います。

「生物」と「物質」のすきま的な存在

ここまで述べてきたウイルスは、細菌とはまったく別のものです。

「どちらも非常に小さくて肉眼では見えない」というところは似ていますが、細菌は細胞1つだけの「生物」、一方の**ウイルスはいまのところ、生命をもたない「物質」であるとみなされています。**

それはなぜか。ざっくりいえば「そういう定義だから」です。

「生物」の体は「細胞」からできている、と学者が決めているからなのです。

細胞とは生物の体を構成している基本単位で、脂質《ししつ》でできた膜《まく》に包まれている小さな袋です。わたしたちヒトの体は、レンガ造りの家のようにさまざまな細胞がたくさん集まってできています。細胞はそれ自体が生きており、だから、細胞がないものは生物とはみなされないのです。

「細胞1つ1つが生きている」とあらためて聞くと、細胞1つ1つが独立した生命体のように思えてギョッとする人もいるかもしれませんが、たとえば雪山で遭難《そうなん》して、手の指を凍傷《とうしょう》で失くしたという話を聞いたことがあるでしょう。あれは、ヒトとしての生命はあるけれど、指の細胞が壊死《えし》してしまったということです。

もう少しいいますと、一般的に生物の定義は次の3つになります。

①細胞膜で仕切られたかたまり（細胞）からできている
②代謝《たいしゃ》をおこなう
③自分と同じものを自力で複製する（自己複製）

「生物」とは「細胞でできていて、自分自身を維持しつづけるために外界から取り入れた物質からエネルギーをつくる（代謝）仕組みをもっており、自分と同じ仲間を増やす（自己複製）ことができるもの」とされています。

わたしたちヒトも体はさまざまな細胞でできており、食べ物を食べてエネルギーをつくって体を維持し、子どもをつくって仲間を増やすことができます。アメーバのような生物も、細胞からできており（単細胞生物）、食べ物を食べて体を維持し、分裂して仲間を増やすことができます。

しかし、ウイルスはこうした仕組みをもっていません。**細胞をもたず、代謝をおこなわず、自力で複製することができません。**

図2でウイルスと生物の細胞を比べてみましょう。

ウイルスは大きさが細胞よりも小さくて、たいてい、とてもシンプルな形をしています。典型的なウイルスの外観は正二十面体。幾何学《きかがく》的な形をしています。冬のおなじみ、ノロウイルスがこの形です。

このタイプのウイルスは、「核酸《かくさん》」（遺伝子となるＤＮＡあるいはＲＮＡ）がタンパク質

図2：ウイルスと細胞の形

ウイルスの基本形

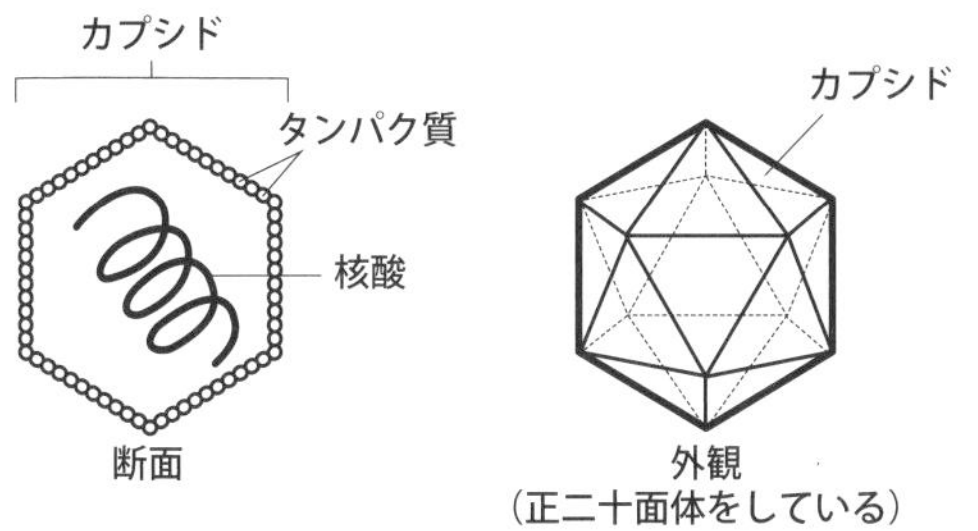

バクテリオファージ

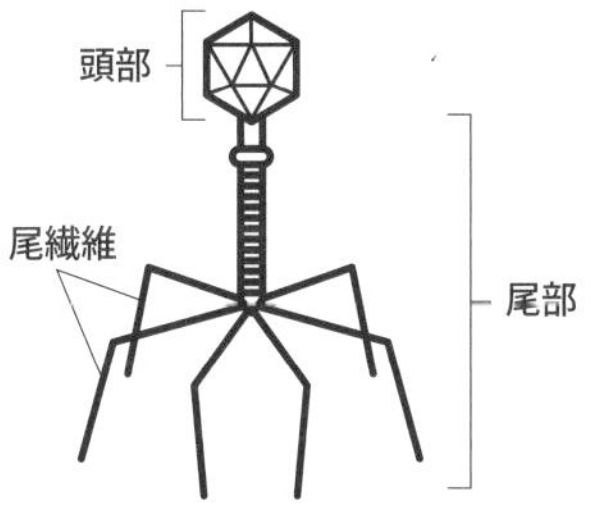

真核細胞（動物）

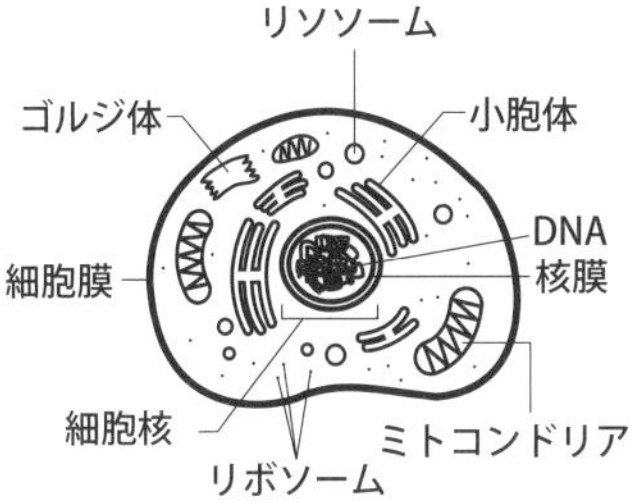

原核細胞（細菌）

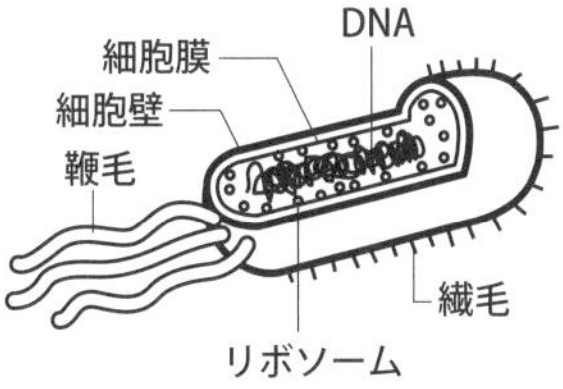

でできた「カプシド」という殻《から》で包まれた単純な構造です。

それに対して、細胞のほうは、いかにも生き物らしいぐにゃぐにゃとした形です。中に入っているパーツ（細胞小器官）も、いかにも生《なま》っぽい形をしています。

細菌などの原核細胞は遺伝子であるＤＮＡが細胞内に入っているだけですが、ヒトなどの真核細胞ではＤＮＡは核の中におさまっています。

いずれの細胞も、細胞膜で覆われ、真核細胞のほうはミトコンドリアや核などのパーツも膜で覆われています。

バクテリオファージの外観は、まるで宇宙船（アポロ計画の月着陸船）のようです。幾何学的な形や機械のような姿は、たしかに生き物っぽくない印象がありますね。

ウイルスのなかには、カプシドの周囲がさらに膜で覆われた、「エンベロープウイルス」と呼ばれるタイプもいます（45ページ図5参照）。エンベロープとは封筒や包みという意味です。膜が包み込んでいるので、なんだかぐにゃぐにゃしている点は細胞に似ていますが、自分で分裂する自己複製能力はなくて、自分自身を維持するために栄養を摂取してエネルギーを生産する能力もありません。

ウイルスそのものは、自力で増えることもないし、外界から何かを取り入れたり排

出したりすることもないのです。したがって外観が多少ぐにゃぐにゃしていても、やはり生物とは見なされません。

構造が単純なだけに電子顕微鏡を使ってもやっと見えるくらい小さくて、とくに意味も目的もなく、ただウヨウヨと漂っているだけのように見えます。

ウイルスは無色透明

華やかな色合いのチョウや金属のような光沢の甲虫《こうちゅう》など、昆虫の色はさまざまです。魅せられたマニアがたくさんいるのもわかります。斬新《ざんしん》な配色をもつイモムシもいます。見慣れていなくて、「怖い」とか「気持ち悪い」なんていう人も多くなりましたが、昆虫には色彩の魔術師ともいいたくなるような一群がいます。

だからでしょうか？「ウイルスも色なんかそれぞれみんな違うわけでしょう？」と聞かれることもあります。

しかし、**ウイルスに色はありません**。何千万円もする電子顕微鏡で見ても、基本的に色はついていません。これは対象とする試料に電子線を当てて見ているからですが、そもそも極小の世界に色はないのです。

ふだん、わたしたちが色を認識できるのは、可視光線のおかげです。太陽光から蛍光灯、ＬＥＤランプまで、わたしたちは、光が当たったところは明るく、当たっていないところが暗く感じます。これは「目に見える光（可視光線）」が出ているため。

みなさんも小学校のころ、プリズムを使って太陽光が７色に分かれるのを観察したことがあるでしょう。あの色は光の波長の違いです。波長の長い↓短い順に「赤・橙・黄・緑・青・藍・紫」の光として認識しています。

可視光線の波長範囲は３８０～７８０ナノメートル（ナノメートルは１００万分の１ミリ）で、それより長い波長が赤外線、短い波長が紫外線です。これらは人間の目には見えていないだけで、たとえばミツバチは赤や黄はよく見えませんが、紫外線を見ることができます。

物体から反射されている光を網膜《もうまく》の細胞でとらえているので、波長の違いを区別できれば、色として感じられるわけです。

対象物のサイズが可視光線の波長より短いもの（＝小さいもの）になってくると、光学顕微鏡では見えなくなってしまいます。見えなくなるといってもブラックアウトするのではなくて、すべてがぼんやりして、隣にあるものと区別がつかなくなるわけです。それならば、もっと波長の短い電子線をあてて観測しよう、というのが電子顕微鏡の仕組みです。したがって、可視光線を使わない電子顕微鏡では色はつきません。

本書もカラフルなウイルスの口絵写真を載せていますが、あれは見やすいように着色したもの。エボラウイルスが毒々しい赤と緑だったり、インフルエンザウイルスがきれいな黄緑だったりしても、わかりやすくするために着色したものなのです。

いまはデジタル処理で簡単に着色できるので、ウイルスの構造もわかりやすくなりました。ちょっとがっかりさせるようですが、極小の世界に色はありません。

生物の教科書のイラストでも、細胞核は赤く、ミトコンドリアが青色に描かれたりしていますが、これもわかりやすくするためで、実際の色とは違います。実物に近い色で描かれていることが多いのは、植物の細胞にある緑色の葉緑体ぐらいではないでしょうか。

光学顕微鏡で細胞を見る場合も染色して観察します。高校の生物の授業で体験した人もいるでしょう。染色してやっと見えるサイズですが、細胞よりも光の波長のほうが短いので、染まった部分とそうでない部分を、色の違いとして見ることができるのです。

ウイルスは微生物のようでいて微生物ではない

少し整理しておくと、顕微鏡を使わないと目に見えないくらい小さな生物は、総称して「微生物」と呼ばれます。

代表的なのは細菌、英語でいえばバクテリアですね。細菌は細胞1つだけでできている単細胞生物です。ヨーグルトで知られるビフィズス菌（乳酸菌の一種）、納豆をつくる納豆菌（枯草《こそう》菌の一種）など人間に役立つ細菌から、結核菌、コレラ菌など病気の原因になる細菌まで、膨大《ぼうだい》な種類がいる生物界の大勢力です。もちろん先に出てきた腸内細菌も含まれます。

細菌と似て非なる「古細菌《こさいきん》（アーキア）」に分類される微生物もいます。ときどき高熱の温泉や油田など、極限の環境に生息している生物の話題を見聞きした方もいるでしょう。その多くがアーキアの仲間です。細菌とアーキアを合わせて「原核生物」と呼ばれます。

アメーバやゾウリムシも、顕微鏡を使ってやっと見える微生物で単細胞生物ですが、細

図3：微生物とウイルス

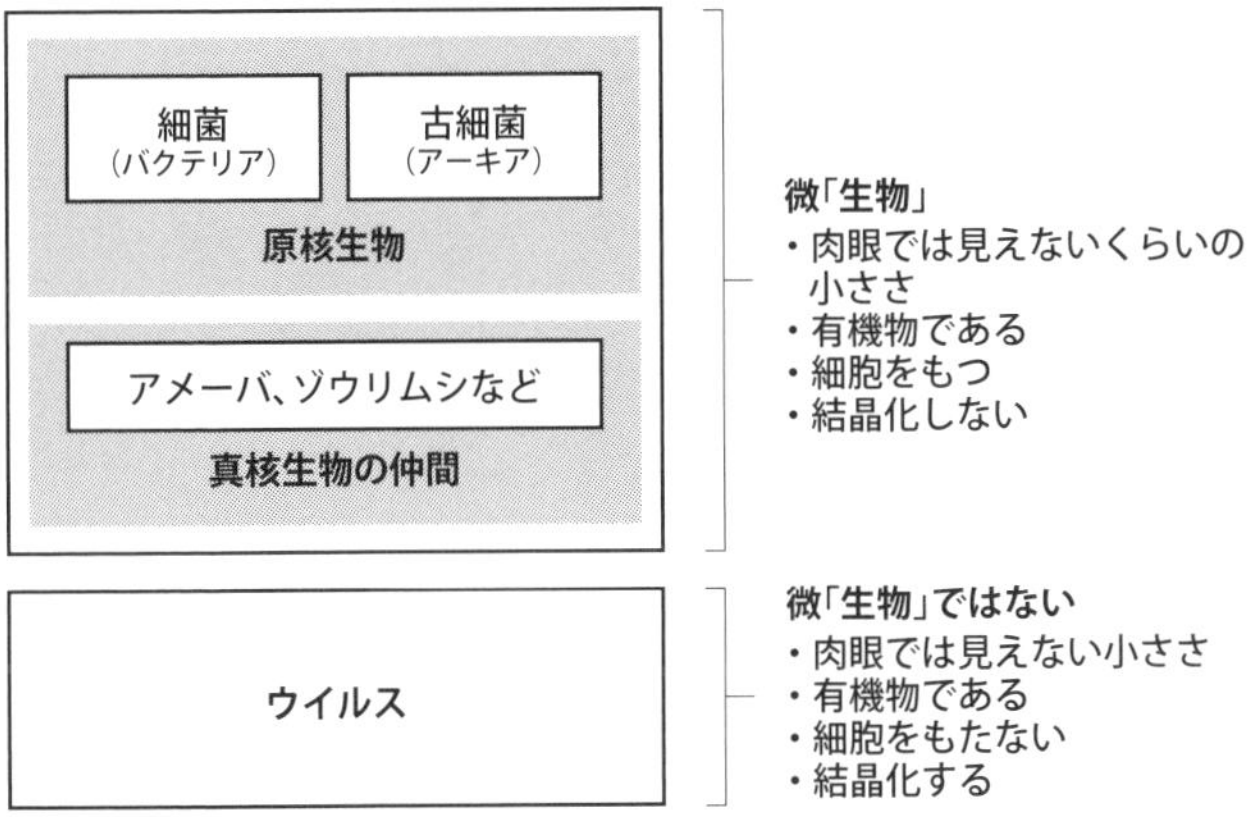

菌や古細菌とは違って、植物や菌類（カビやキノコなど）、さらには動物（もちろんヒトも）まで含む「真核生物」の仲間です。

　ともあれ、一口に微生物といってもいろいろあります。

見えないほど小さいけれども、先ほどの生物の定義――①細胞をもち、②代謝をし、③自己複製する力をもっていることは共通しています。

　それに対して、普通のウイルスは細菌よりもさらに小さくて、光学顕微鏡では見えません。

　ではウイルスは微生物でしょうか？　もうおわかりですね。小さいことや、病気の原因になるという点で、細菌の仲間だと誤解されることがありますが、**ウイルスは微「生物」ではありません。**

「細胞をもたないものは生物ではない」という定義に照らし合わせると生物ではありません。**物質、あるいは、いささか複雑な構造をもつ「有機物」**、ということになります。

ウイルスは結晶化もする

しかもウイルスは結晶化《けっしょうか》します。結晶化とは、物質などが一定の方向性、規則性をもってきれいに並ぶことによって、結晶が形成されることです。

つまり結晶ができるのは、分子などが「規則正しく並んだ」ということです。これは非常に固い構造をつくる物質の性質で、身近な代表例が食塩や雪（氷）ですね。

細胞からできている生物は、あまりにも組織がやわらかいので結晶にはなりません。だいたい**複雑な有機物は結晶化しにくいものが多い**のです。ところが、**ウイルスは結晶化するのですから、ますます生物らしくありません。**

つけ加えると、「有機物」とは炭素原子を含んでいる化合物のこと。有機物でないものが「無機物」です。

細胞を構成している炭水化物、タンパク質、脂質、核酸はすべて有機物。細菌からヒトまで、すべて生物の体は自らがつくり出した有機物でできあがっています。

それも基本的には植物が光合成によって、空気中の二酸化炭素からつくり出した有機物が元になっています。植食性動物↓肉食性動物と、自分たちの体に取り込んで、自分たちに必要な形につくり替えているのです。

わたしたち人間も含め、有機物の体の中にもっている炭素は、元をたどれば空気中の二酸化炭素に由来するものなんですね。

生物はすべて有機物の体をもっていますが、有機物そのものは物質であって生物ではありません。たとえば「脂肪《しぼう》」。豚肉の脂身《あぶらみ》は、物質であって生物ではないですよね（元・生物の一部ですが）。

ウイルスも核酸やタンパク質をもっているので、やはり有機物でできあがっています。ウイルスが感染した細胞が、ウイルスの〝体〟である核酸やタンパク質をつくり出しているからです。

生物でないはずのウイルスが有機物の体をもっているのはそのためです。

風邪に抗生物質が効かないわけ

ちょっと脱線しますが、わたしが高校生くらいのとき、風邪をひいて近所の医者にかかったら、年配のお医者さんから抗生物質を処方されました。素直に飲んだところ、猛烈《もうれつ》な下痢、下痢、下痢です。風邪がよくなるどころではありません。生涯のトラウマになりそうなくらい、ひどい目に遭《あ》いました。

いまでも「風邪ですね。念のため抗生物質を出しときましょう」というお医者さんがいるようですが、あくまで「念のため」なのです。それを「ていねいで親切なお医者さんだ。ありがたい」と思う患者さんもいるようです。

しかし、**風邪は基本的にウイルスが原因なので、抗生物質は効きません。**

抗生物質は、細菌の細胞壁（細胞膜の外にあって細胞を保護しているカバー）の合成を阻害《そがい》する働きをして、細胞を破壊するものです。細胞がなく、当然細胞壁をもたないウイルスには、まったく意味がありません。

読んで字のごとく「抗生物質」とは「生物に抗《あらが》う物質」なのです。

昔は細菌が原因になって起こる肺炎の予防として処方されていたようで、いまも「念のため」といっているお医者さんは、そのつもりなのでしょう。

でも、いまや期待された効果は得られず、抗生物質の効かない薬剤耐性菌をつくり出してしまう弊害《へいがい》が知られるようになって、むしろ抗生物質の乱用は戒《いまし》められるようになっています。

抗生物質の副作用として、下痢やおなかの不調があります。これは腸内細菌が細胞壁をつくれなくて死んでしまうためですから、抗生物質は腸内フローラを台なしにしてしまう不安もあります。

いまにして思えば、高校生だったわたしの腸内細菌は、あのとき全滅するくらいのダメージを受けたのかもしれません。つらかったなあ！

ウイルスよけにマスクをしても無駄

さて、細菌の大きさはマイクロメートル（１０００分の1ミリメートル）の単位です。おおむね1〜5マイクロメートル前後なので、なんとか光学顕微鏡で見ることが可能です。

一方、ウイルスの多くは1〜2桁小さいサイズ。ナノメートル（１００万分の1ミリメートル）の単位です。

比較的大きいインフルエンザウイルスで80〜１２０ナノメートル（０・０８〜０・１２マイクロメートル）、黄熱《おうねつ》ウイルスは40〜60ナノメートル（０・０４〜０・０６マイクロメートル）。

このサイズになると光学顕微鏡では見えません。可視光線の波長は３８０〜７８０ナノメートルですから。

２０１８年の初頭、厚生労働省が「インフルエンザの予防にマスクは推奨していない」と、異例のコメントを出しました。**インフルエンザウイルスにとっては、マスクの布な**

図4：小さい世界のサイズ

サイズ	名称	見えるかどうか
ミリメートル	米粒	肉眼で見える
	ほこり	
マイクロメートル（1000分の１ミリ）	ダニ	光学顕微鏡で見える
	ヒトの細胞	
	細菌	
	巨大ウイルス	
ナノメートル（100万分の1ミリ）	インフルエンザウイルス	電子顕微鏡で見える
	ノロウイルス	
ピコメートル（10億分の1ミリ）	原子・分子	小さすぎて見えない
	素粒子	

ど目の粗《あら》いザルも同然、やすやすと素通りしてしまいます。

ただし、すでにかかっている人がマスクをするのは、感染を広げないために意味があります。咳《せき》をしてウイルス入りの飛沫を撒き散らす行為に、少しは歯止めをかけられるでしょうから。

厚労省コメントの真意は「マスクをかけて予防したつもりになってはいけない」ということでしょう。

インフルエンザウイルスが飛んでいそうな人混みへと出歩かない、手洗いを励行《れいこう》してウイルスを洗い流すといった対策のほうが、ずっと合理的です。

クリーンルーム（無塵《むじん》室）や高い清浄度が要求されるハイレベルな手術室では、０・３マイクロメートルの粒子を99・９７パーセント捕捉できる高性能のＨＥＰＡフィルターが使われていますが、サイズから見るかぎり、小さなウイルスはそれすらすり抜けます。

「手術室がそんなことで大丈夫なのか？」と不安になる人もいるかもしれませんが、結論からいえば、細菌はしっかり取り除かれているのでまったく問題ありません。ウイルスが絶対にいないとは断言できませんが、頻繁《ひんぱん》な殺菌・消毒やチェックで清浄度は厳しくコントロールされているので、病原性ウイルスはもちろんいないでしょう。

より病原性の高いウイルスを扱う実験室は、「Ｐ３実験室（ＢＳＬ３）」といって外部よりも気圧を下げて、内部の空気が外に出ないようになっています。

さらに病原性の高いウイルスを扱う実験室は「Ｐ４実験室（ＢＳＬ４）」といい、実験者はシャワーを浴び、専用の服に着替えて中に入り、出るときもう一度シャワーを浴びないと外に出られない仕組みです。

もし日本国内でエボラウイルスのような危険なウイルスの感染者が出た場合は、Ｐ３レベルの施設のある病院に隔離することが法律で義務づけられています。

抗菌グッズも無意味

危険な病原体からは逃れないといけませんが、わたしたちの周囲に満ちているウイルスをすべて取り除くのはかなり大変なことです。

ただ、ノロウイルスのような**病原性ウイルスでないかぎりは、飲んでも平気**でしょう。

先にも書きましたが、そもそもわたしたちが日々呼吸しているとき、空気中に浮遊しているウイルスをたくさん吸い込んでいます。海で泳げば、好むと好まざるとにかかわらず、海水が口に入って、億千万のウイルスを飲み込んでいます。食べ物にもウイルスはいます。身のまわりはウイルスだらけなのですから、排除しようとしても無理です。気にしすぎるのもよくありません。

「なにがなんでも清潔に！」と除菌を徹底するあまり、共生している常在菌を撲滅《ぼくめつ》してしまうと、かえって不都合が出てきます。いわゆる抗菌グッズは、細菌への効果も疑わしいものが多いうえ、ウイルスにはほぼ無力です。

ウイルスの〝殺し方〟

もちろん、ウイルスのいない状態にすることはできます。なぜなら、ウイルスといえども〝殺せる〟からです。

たとえば次《じ》亜《あ》塩《えん》素《そ》酸《さん》ナトリウムという試薬は、よくノロウイルスの〝殺菌〟に使われます。タンパク質を変性させてしまう働きをするので、ウイルスは殻（カプシド）のタンパク質が変性して〝死んで〟しまいます。

家庭用の塩素系漂白剤の主成分が次亜塩素酸ナトリウムですから、ノロウイルスの患者さんの肌着類の消毒や、吐《と》瀉《しゃ》物などを片づけた後の拭き掃除などに使えば、ノロウイルスは死滅。感染予防になります。

カプシドの周囲が膜で覆われたエンベロープウイルスは、膜（エンベロープ）が脂質でできているため、石けんで洗ったり消毒用アルコールで拭いたりすると壊れます。エンベロープをもたないウイルスに比べると弱いといえるでしょう。

図5：エンベロープウイルス

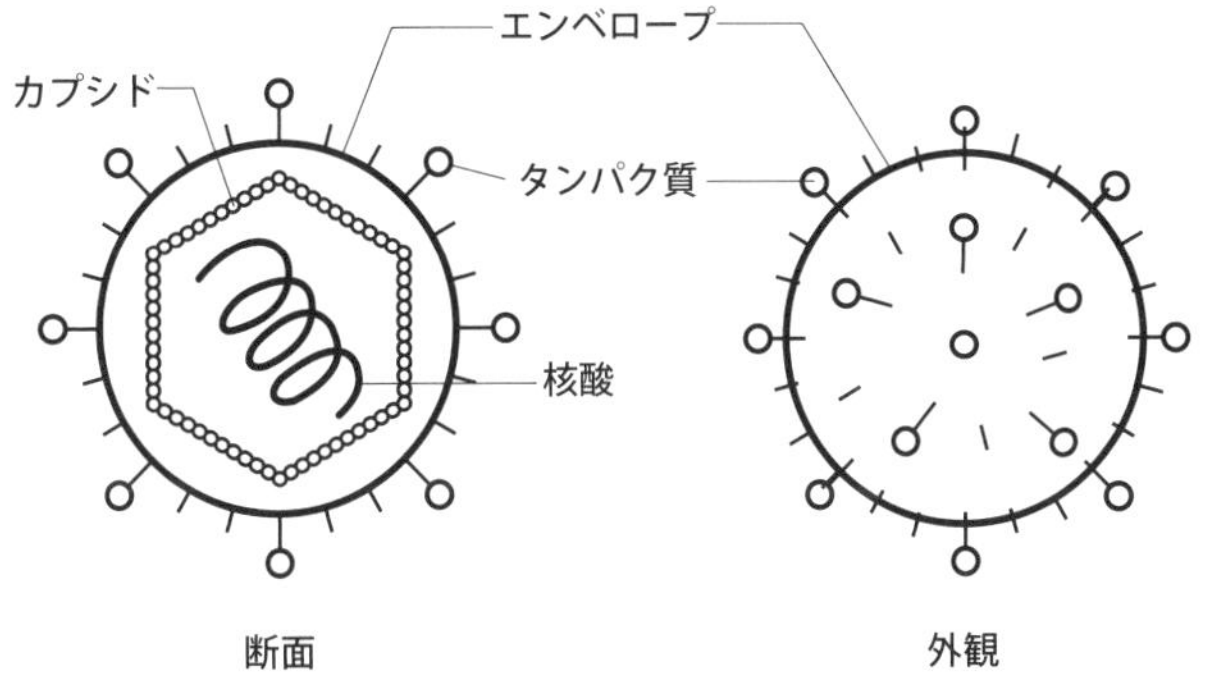

また、圧力をかけたうえで水蒸気を充満させ、120℃で20分くらい加熱すれば、細菌もウイルスも死滅します。

これは寄生する細菌がいなくなることに加えて、ウイルスも遺伝子が壊れ、カプシドのタンパク質が変性してウイルスの形が崩れてしまうためです。つまり、「物理的に壊れて」死んでしまいます。

熱による殺菌といえば、「低温殺菌」をセールスポイントにしている、ちょっと値段の高い牛乳がありますね。これは60～65℃で30分という条件で、有害な病原菌を死滅させています。

このくらいの温度だと、タンパク質の変性

が起こらないので風味が変わらない、ビタミンなど栄養素も壊れないという特長があります。

日本酒には「火入れ」といって、50～60℃に温度を上げて、酵母《こうぼ》や酵素《こうそ》の働きを止める工程がありますが、これもタンパク質が変性しない程度の熱を利用した低温殺菌の一種です。ただ、こうした低温殺菌ではすべての細菌を殺すことはできないので、長期保存には適していません。ウイルスも壊れてしまうものもあるでしょうが〝生き残る〟ウイルスもあるはずなので「滅菌」にはなりません。

殺菌灯の強い紫外線も遺伝子を損傷させるので、ウイルスを〝殺す〟ことができます。夏の日射しには、あっという間に日焼けするくらい強力な紫外線が含まれていますが、ウイルスがどのくらい死滅するか、定量的なデータはないので不明です。


ウイルスには抗ウイルス薬がありますが、これはウイルスを殺す薬ではありません。たとえばインフルエンザで処方される**タミフルは、細胞内で増殖したインフルエンザウイルスが、その細胞から外に出ないようにする薬**です。だから「初期に飲まないとダメ」といわれるわけですね。

インフルエンザの薬にかぎらず、抗ウイルス薬は、ウイルスが感染した細胞を使って増殖しようとするプロセス（58ページ図6参照）のどこかを邪魔する働きをします。ウイルスを直接殺す薬ではないのです。

ウイルスは死んでも生き返る？

ウイルスは生物ではなく物質ということになっていますから、〝死ぬ〟〝殺す〟というのもヘンですが、不可逆的に壊れてしまった状態、つまり壊れて元に戻れない状態は〝死んだ〟というのがぴったりきます。

自動車のエンジンが壊れて修理しても直らない、パソコンが故障して直せないというとき、「エンジンが死んだ」「パソコンが死んだ」というのと同じですね。

生物の場合、「死」とは「代謝が止まり、二度と復活しない不可逆な状態」です。やがて分子レベルまで分解されて影も形もなくなります。ウイルスを構成する核酸やタンパク質も同様で、分子レベルまでバラバラになります。生物における「死」と同じ状態です。

ただウイルスの場合、最初から生物ではないという立場ですが……。ウイルスとして機能していないなら〝死んでいる〟といってもさしつかえないでしょう。

ウイルスがある細胞にくっつき、入り込んで中で増殖できるような状態は「活性化した状態」であるといえます。一方、その能力を失ったもの、たとえ細胞の表面にくっついても入っていけないようなウイルスは「不活性化した状態」にあるといえます。

不活性化したウイルスが、また活性化状態に戻る場合もありえます。

「死んでいても生き返るのか？」と驚かれそうですが、もともと生物ではないので、感染する力が戻ったというだけのことです。その一方で、不可逆的な不活性化もあるので、やはりウイルスの場合〝生きている〟〝死んでいる〟とは、簡単にはいえません。

もっとも人間も、近年は〝脳死〟〝心臓死〟など、境目がいろいろできて、単純には判定できなくなっているのですが。

3万年の眠りから蘇った「ゾンビウイルス」

２０１４年、シベリアの永久凍土《とうど》の中から見つかった3万年前の「巨大ウイルス」**が蘇《よみがえ》りました**（ウイルスは小さいのですが「巨大ウイルス」もいるのです）。

フランスの研究チームが3万年前のサンプルをアメーバとともに培養《ばいよう》すると、巨大ウイルスがふたたび増殖しはじめたのです。眠っていたウイルスが長い長い時を経て、ふたたび活性化したというわけです。

3万年前に生きていたウイルスが蘇ったと話題になって、「ゾンビウイルス」という通称がついていますが、正式名称はピソウイルスです。

このウイルスは研究者が人工的に活性化させましたが、もしかしたら宿主の中に封じ込まれたまま〝生きている〟というケースは、いまはまだあまり報告されていないだけで、おそらくたくさんあると思います。自然界でもときどき起こっているのではないでしょうか。

第2章

ウイルスは何をしているのか

～ミニマリストで働き者

細胞内でウイルスがやっていること

現代の日本では少子化が懸念《けねん》されていますが、生物はその定義のとおり、自己複製して増えていく存在です。オスとメスがある有性生殖《ゆうせいせいしょく》の場合は子をつくり、アメーバのような無性《むせい》生殖の場合は自らが分裂《ぶんれつ》して数を増やします。

いずれも親世代の遺伝子（ＤＮＡ）と同じものが次世代へ受け継がれていきます。

ウイルスは自力で増殖《ぞうしょく》することができません。とはいえ、**単なる物質なのに、細胞を利用して増えていきます。**単なる物質であるテーブルやいすが勝手に増えていくことはありえないので、ここは大事なポイントです。

ウイルスはなんらかの生物の細胞に感染し、その細胞の仕組みを利用して自分を複製します。生物からしてみると、ウイルスに乗っ取られて、せっせとウイルスのコピーをつくらされるのですから、たまったものではありません。

細菌のような単細胞生物であれ、人間のような数十兆の細胞をもつ生物であれ、**ウイ**

ルスはその種類によって、特定の細胞に入り込みます。

たとえばインフルエンザウイルスの場合、入り込んで増殖するのは基本的に喉《のど》から肺にかけて。上気道《じょうきどう》といわれる部位の表皮細胞です。

ひとたび特定の細胞に入ってしまうと、ウイルスはその細胞を使って自分たちを複製するわけです。

ウイルスが細胞内でつくり出したタンパク質が、体がもつ免疫《めんえき》反応が働かなくなるようにスイッチの信号を乱します。免疫システムはウイルスが取りついた細胞を殺してしまうので、そうならないよう妨害《ぼうがい》するのです。

ビルの中を荒らす強盗団が、〝仕事〟が終わるまで警備員がこないよう、警報システムを壊したりするようなイメージでしょうか。しかも、感染細胞が目立たないように免疫を攪乱《かくらん》するというやり方は、警備員のなかにこっそり裏切り者をつくるようなものですから、悪質というか、じつに巧妙なのです。

その間、感染細胞は為《な》されるがまま。**敵の手に落ちた細胞は、せっせとウイルスを複製する〝ウイルス工場〟となって働きつづける**のです。

細胞の中が複製された〝子ウイルス〟でいっぱいになると、最終的には細胞がバーンと破裂して〝子ウイルス〟が続々と飛び出していきます。当然、細胞は死んでしまいます。

細胞を殺さずに出ていくような〝子ウイルス〟もいますが、働きづめの細胞は弱っているので、悪くすると死んでしまいます。

これが病原性ウイルスによって病気になるパターンのひとつです。

細胞をがん化させるがんウイルス

もっとも、ウイルスが感染した細胞のすべてで、順調に複製が進むとはかぎらず、必ずしも新しいウイルスが飛び出してくるわけではありません。細胞がウイルス複製のプロセスをすべて提供できないケースもあって、こうした細胞では子孫のウイルス産生までいたらない、中途半端な感染になります。

こんな場合、**ウイルスのもっている特定の機能だけが発揮されて**、細胞の性質を変えてしまい、結果として**細胞に異常に増殖するような性質を与えてしまう場合**もあります。これががんへとつながっていくひとつのパターンです。

ヒトの細胞にがんを発生させるウイルスには、いくつかの種類が知られています。子《し》宮頸《きゅうけい》がんの原因といわれているヒトパピローマウイルスなどを聞いたことがある人もいるでしょう。

ウイルスの増殖を食い止める免疫

ウイルスに入り込まれる生物のことを「宿主《しゅくしゅ》」と呼び、**インフルエンザウイルスの宿主はカモなどの鳥、ブタ、そしてヒトです。**ウイルスが増殖するのはあくまでも宿主の細胞の中なので、**宿主にくっついても細胞の中に入っていかなければ、増殖することはできません。**

しかも、ウイルスはそれぞれ侵入できる細胞が決まっています。

ヒトインフルエンザウイルスの場合は先述したとおり、基本的に鼻や喉、さらに肺にかけての上気道といわれる部位の表皮細胞です。皮膚とか目玉といったところにくっついても、そこの細胞内には侵入できないのです。したがって、ウイルスが増殖しないので、発症へとは進みません。

でも、たとえばウイルスがついた指で鼻をほじってしまった場合。残念ながら、鼻腔《びこう》の表皮細胞に入り込んで増殖して発症、高熱が出たり筋肉痛になったりするのです。指先についたウイルスにとっては、ラッキーなケースでしょう。

ただし、ウイルスが侵入・増殖した細胞が1個だけ、あるいは少数なら、発症・発病するまではまずいたりません。次のような異物を排除する「免疫システム」があるからです。細菌など異物が体内に入ったときは、まず好中球《こうちゅうきゅう》やマクロファージといった「食細胞」が食べてしまう仕組みがあります。しかしウイルスは小さすぎるうえ、さっさと細胞内へと侵入してしまうので、彼らはうまく処理できません。

すると、「B細胞」というリンパ球の一種が抗体《こうたい》（特定の異物だけを狙って排除するように働くタンパク質）を出してウイルスに立ち向かうとともに、やはりリンパ球の一種である「細胞傷害性《しょうがいせい》T細胞」がウイルスに感染した細胞を殺してしまいます。

こうした免疫システムがウイルスの増殖速度より勝っていれば、発病まではいたりません。ただ、この免疫システムの強さは人によって違いますから、同じように満員電車の中でインフルエンザウイルスを吸い込んでも、感染してしまう人もいればそうでない人もいるわけです。

感染して性質が変わってしまった細胞は、本来は細胞傷害性T細胞などによって排除されるはずですが、先述のとおり、ウイルスに乗っ取られた細胞は、免疫システムを攪乱・妨害するのですから、戦いは一筋縄ではいきません。

ウイルスの一生～細胞の仕組みを使って子を量産

生物とはみなされていないウイルスに「一生」というのもヘンですが、宿主の細胞に取りついたウイルスが、増殖して〝子孫〟が出ていくまでの〝ライフサイクル〟を見てみましょう。

①吸着→②侵入→③脱殻《だっかく》→④合成→⑤成熟→⑥放出

という6つのステップがそれです。ざっくりいうと、ウイルスがもつ遺伝子を細胞のインフラを利用して〝コピー〟し、〝子ウイルス〟が量産されていくというイメージです。

以下、それぞれについて簡単に説明します。

図6：ウイルスの一生

①吸着

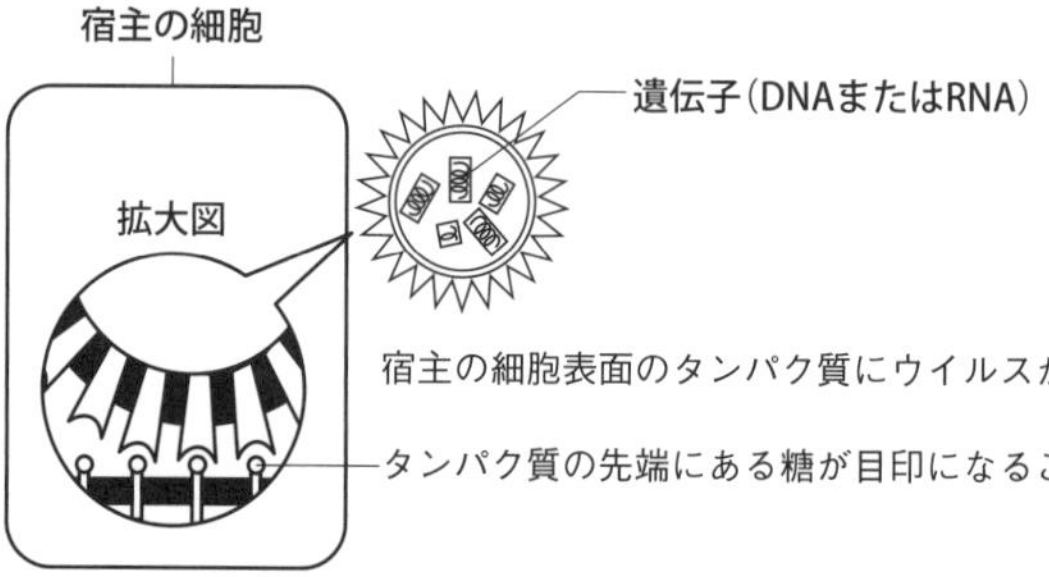

宿主の細胞表面のタンパク質にウイルスがくっつく

タンパク質の先端にある糖が目印になることが多い

②侵入

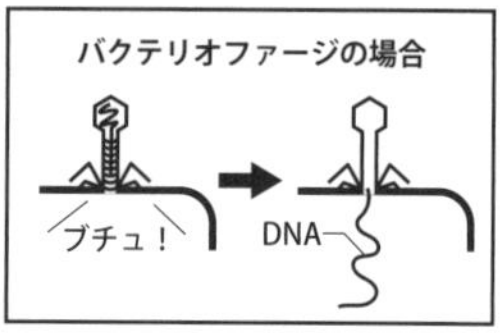

細胞に「食べられる」ことで、ウイルスが細胞内に侵入。バクテリオファージは細菌に吸着すると侵入・脱殻を一気におこなう

③脱殻

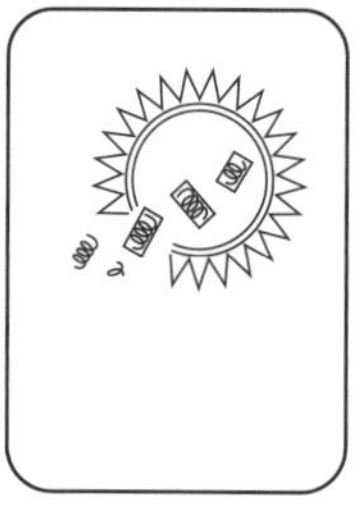

タンパク質の殻を壊し、遺伝子（DNAまたはRNA）を細胞質内に放出

④合成（暗黒期）

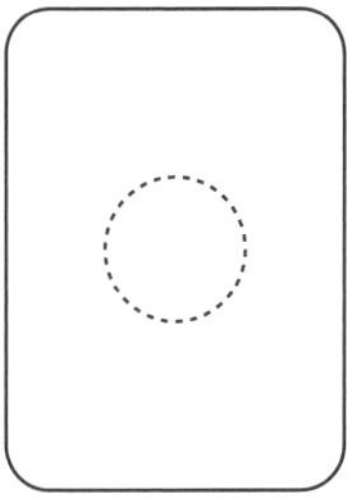

ウイルスの姿が見えなくなる。放出された遺伝子を元に、細胞の機能を使ってDNAやRNAを複製し、タンパク質を合成する

⑤成熟

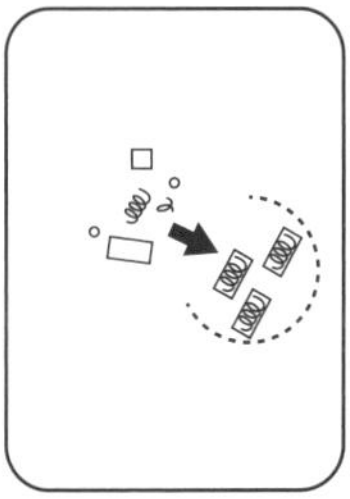

つくられたDNAやRNA、タンパク質を“子ウイルス”に組み立てる

⑥放出

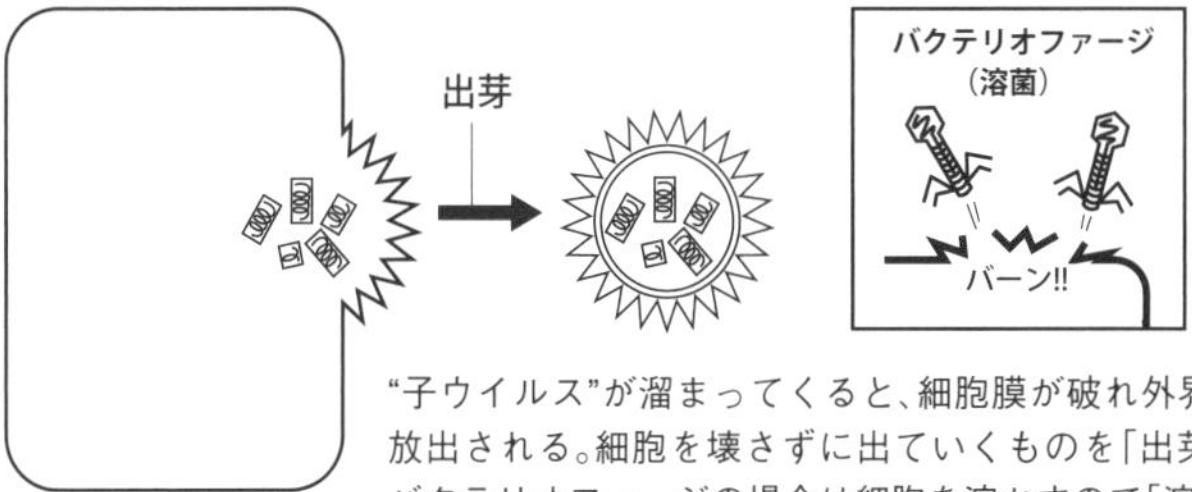

“子ウイルス”が溜まってくると、細胞膜が破れ外界に放出される。細胞を壊さずに出ていくものを「出芽」、バクテリオファージの場合は細胞を溶かすので「溶菌」という

①吸着

細胞の表面に、ウイルスがピタッとくっつくステップ。これが「吸着」です。

細胞を外界とへだてている細胞膜は、リン脂質とタンパク質でできています。ウイルスはこのタンパク質に結合します。分子レベルで見ると、細胞膜の表面のタンパク質にはたいてい糖がついていて、その糖の部分がウイルス吸着の目印になることが多いです。

ウイルスによってどのタンパク質に結合するかが決まっており、たとえばインフルエンザウイルスであれば、細胞膜表面のタンパク質にある糖の末端「シアル酸」の部分にくっつくわけです。

②侵入

ウイルスが吸着すると、細胞は瞬間的にパクッとウイルスを〝食べて〟しまいます。これは細胞のもっている性質で、「エンドサイトーシス（細胞内取り込み）」と呼ばれる細胞外の物質を取り込むプロセスのひとつです。

先ほど述べた細菌をパクッと食べてしまう食細胞の場合も、表面についた小さなゴミを自分の中に取り込んで、消化して処理するという性質があるからです。細胞からすると食べたつもりですが、ウイルスからすると「侵入」ですね。

細胞内でウイルスは消化されてしまうのですが、その前に自分の遺伝子を細胞の中に放り込みます。

細菌に感染するウイルス（バクテリオファージ）は、29ページの図2で示したように、まるで月面に軟着陸する宇宙船のような脚をもっています。正確には「尾繊維」と名づけられたこの脚で細菌に吸着、お尻の部分にある針を「ブチュッ！」と細胞膜にさし込み、頭部に格納されていた遺伝子だけを細胞内部に注入します。

バクテリオファージの残りの部分は細胞の外部に残り、やがては分解されてしまうのですが、大切なのは遺伝子なのでこれで十分ということでしょう。

③脱殻
ウイルスが自分の遺伝子をおさめたタンパク質の殻《から》を壊し、核酸（遺伝子の本体であるＤＮＡ、あるいはＲＮＡ）を細胞質内に解き放すステップが「脱殻」です。

ちなみに、バクテリオファージは、侵入段階ですでにＤＮＡを注入してしまっているので、あらためてこのステップをおこなう必要はありません。

脱殻のあと、次代のウイルスがつくられるまでの期間は、ウイルスの姿が消えてしまうので、この期間を暗黒期、あるいは日食や月食になぞらえてエクリプス期と呼ばれます。

④合成

見えないところで何がおこなわれているのかというと、細胞内に放たれたウイルスの遺伝子の情報をもとに、核酸を複製し、タンパク質を合成して〝子ウイルス〟がつくり出されています。これを「合成」といいます。

ウイルスの遺伝子の本体であるＤＮＡやＲＮＡの複製と並行して、それを包むカプシドもつくられます。細胞内にはタンパク質をつくるリボソームという小器官が無数にあって、ふだんは自分のためにタンパク質をつくり出しているのですが、ウイルスはそのリボソームにカプシドのタンパク質をつくらせているのです。

その手口は、自分の遺伝子からタンパク質をつくる情報（ｍＲＮＡ〔メッセンジャーＲＮＡ〕という物質）を細胞につくらせ、さらにリボソームにタンパク質をつくらせているのです。

⑤成熟

「合成」のステップでつくられた核酸（遺伝子）とタンパク質は、分子レベルで書かれたプログラムにしたがって、粛々《しゅくしゅく》と〝子ウイルス〟へと組み立てられていきます。このステップが「成熟」です。

ウイルスが短時間で増殖できるのは、コピーによる遺伝情報と、大量生産されたカプシドを組み合わせるためで、こうした量産体制はウイルスとしてごく普通。ピコルナウイルスというウイルスのグループなどは、細胞1個あたりで2万5000～10万個もの〝子ウイルス〟がつくられます。

⑥放出

細胞の内部に成熟した〝子ウイルス〟が溜まってくると、パンパンにふくらんだ風船がはじけるように細胞膜が破れ、ウイルスが一気にまき散らされます。これが「放出」です。一部のウイルスは、このとき、元の細胞の細胞膜の一部をちゃっかり自分のエンベロープとして利用したりします。

放出には2つのタイプがあり、元の細胞を殺して出ていくものと、殺さずに出ていくものに大別されます。

バクテリオファージの場合は、細胞膜を壊してバーンと勢いよく飛び出していきますが、これを「溶菌」といいます。

こうした派手な細胞崩壊では、宿主の細胞は死んでしまいますが、細胞を殺さずに〝静かに〟出ていく「出芽」という方法をとるウイルスもいます。こちらは、細胞崩壊のように劇的に細胞を殺すわけではありません。

細胞が残るなら死んでしまわないだけマシのように思えるかもしれませんが、そもそもウイルスが感染し、内部で増殖すること自体が細胞にとっては異常事態です。元気だった細胞は健康がむしばまれて弱ったり、本来の機能が果たせなくなってしまったりするでしょう。

〝ウイルス工場〟と化す細胞

1つの細胞に複数のウイルスが侵入することもあります。1個だろうが複数だろうが、相手の都合はおかまいなしに、入り込むときは入り込む。単なる物質であるウイルスにはためらいや忖度《そんたく》はないのです。ハードボイルドですね。

1つの細胞に何個ウイルスが入るのか、これは専門用語でＭＯＩ（多重感染度 multiplicity of infection）という数値があって、ウイルス学では重要な数値になっています。

一方、1つの細胞が何種類ものウイルスに感染する事例は、あまり知られていません。私が研究している巨大ウイルスでは、1つの細胞の中に2種類のウイルスが入り込んでいる写真も撮られていますが、そうしたことが普通のことなのか、稀《まれ》なことなのかは、今後の研究によって判明してくるのでしょう。

ともあれ、ウイルスに侵入された細胞は、〝ウイルス工場〟として乗っ取られてしまうことになります。図2（29ページ）のように、細胞には、核やミトコンドリア、ゴルジ体、リボソームなどさまざまな細胞小器官があって、生命活動をいとなんでいますが、その機能を自分のためではなくウイルスのために使うことになるのです。

細胞の立場になってみれば、侵略者に工場を占領されて、敵のために物資を生産するようなもので、用ずみになったら破壊されたり、壊されたままで放棄されたりするわけですからたまったものではありません。

反対に、**ウイルスは自分で生産設備をもたず、ただ自分の設計図だけを持ち歩いているような連中です。**他者を使った自己増殖という目的のため、わき目もふらず突き進みます。

最近は、ものを持たないでシンプルに暮らすことをよしとする〝ミニマリスト〟が話題ですが、**ウイルスこそ〝究極のミニマリスト〟ではないかと思います。**

とことん効率がよくて身軽です。自らを増殖させるためには、ガードマン（宿主の免疫）を突破して工場を乗っ取るという荒業《あらわざ》をおこなう必要があるのですが、首尾よくたどり着いた宿主の細胞は、さぞや居心地がいいのではないでしょうか。

コピー&大量生産に最適化した仕組み

〝生きていく〟のにあたって、とことんシンプルで効率のいい姿を追求したら究極のミニマリストになった——それがウイルスでしょう。**乗っ取った〝ウイルス工場〟で最大限に効率よく大量生産できるよう、自らの構造を最適化しているわけです。**

増殖するのに宿主となる細胞が必要、という制約はありますが、きわめて大量に増殖する戦略で細胞に出会う確率を高めているわけです。

細胞さえいれば、きわめて効率のよい仕組みなので、細胞が代謝して増殖していくよりもずっとお手軽なはずです。栄養をとって、エネルギーをつくり出していく必要もないのですから。

逆説的ですが、彼らほど〝生きる〟ために割り切った戦略をとった生物的な存在はいないでしょう。

何をもって「効率がいい」とするかは議論もあるかと思いますが、たとえば単純に数を増やして生き残ることを目的とするなら、いちばん効率がいいのは単純な形です。

一方、頭脳を使ってヘンなおもしろいことをするなら、やはりヒトがいちばん効率がよかったといえそうです。赤道直下から寒冷な地域まで、地球上の広い地域に広がった大型の哺乳類《ほにゅうるい》がヒトですから。

しかし**地球上のあらゆる場所で、何十億年も増殖しながら存在しつづける、つまり生き残る**ということなら、とてもウイルスにはかないません。**もっとも効率がよく生き残れるのがウイルスの形**だと証明しているのです。

有性生殖の生物と違い、オス・メスもないから、同種のウイルスが出会う必要もありません。細胞に感染して、自分で増殖すればいい。ただ、目指す細胞にたどり着くのがなかなか大変なだけに、感染したときには、コピー方式で大量に増殖できる量産システムを備えています。

定義どおりに細胞をもった生物よりも、地球上で圧倒的な多数派を占めるにいたっていること自体、ずっと効率的なノウハウをもっている証拠ではないかと思います。

宿主にたどり着けるかは運任せ

さて、身軽で気楽なウイルスとはいえ、目指す細胞にたどり着いて、感染まで到達できるかどうかは運任せです。

蚊《か》が血を吸いにくるときは、肌が露出しているところを狙ってやってきます。体温や二酸化炭素、汗のにおいなどを目印にして飛んでくるわけで、マネキンの顔や腕には見向きもしない（たとえ裸でも）でしょう。

一方、ウイルスの場合、「この細胞に取りついてやろう」と狙ってくるわけではありません。浮遊してたどり着いた場所が侵入できる細胞であればいいけれども、そうでなければ、またふらふらと旅をつづけるしかありません。

身軽で気楽な風来坊、ちょっと「フーテンの寅さん」のようでもありますが、活性があるうちに（つまり〝生きている〟うちに）たどり着けなければ、それでおしまい。**「たまたま取りついた細胞が、自分の感染できる細胞かどうか」は偶然任せ**です。運よく「目印となるタンパク質をくっつけている細胞」に出会ったときだけ、そこに吸着して侵入できるのです。

日常生活で想像してみましょう。

インフルエンザが治っていないのに、熱はさがったからと出勤するサラリーマン。駅までの道すがら何度も咳をして、無数のウイルスが飛び出していきます。満員電車の中でも咳をして、周囲の人からにらまれています。

駅までの路上で飛んでいったウイルスは空気中に拡散しますが、だれかの体に感染を引き起こすほどの数で体内に入れたものはいませんでした。

一方、混雑する電車の中で飛び出したウイルスは服についたり髪についたりしたものもありますが、首尾よく別のヒトの体内に、呼吸とともに入った連中もいました。

この日、飛び出した何千万〜何億というウイルスのうち、ヒトの体内に達するのはごくわずか、ほんのひと握りと推察されます。では、体内にまで到達したラッキーな一団は、上気道の表皮細胞にどうやってくっつくのでしょうか？

さらなる偶然をへて細胞へ

結論からいえば、さらなる偶然が支配する世界が待ち受けています。

分子サイズになったつもりで極小の世界を覗《のぞ》いてみると、そこでは水の分子がつねに揺れ動いています。水分子が揺れ動いてぶつかりあう「熱運動」をくり返しているのです。

「ブラウン運動」という言葉を学校で習ったことがあるでしょう。水に花粉を落としてみたら、花粉から出た微粒子が揺れ動いていたことから発見された運動ですが、このブラウン運動は水分子の熱運動が引き起こしているものです。

さて、**細胞への吸着も、ウイルスは水分子の運動に押されて非常に細かく振動しながら、何回も何回もトライして、カチッと一瞬くっつく。この瞬間、吸着が成立します。**

おそらく何度となく、ついたり離れたりしているのでしょう。細胞膜の特定のタンパク質に合致しないと侵入できないのですから。たまたま鍵が鍵穴にささったとき、秘密の扉が開いて入っていく、そんな「開けゴマ！」のようなイメージです。

気楽に漂うミニマリストのウイルスですが、自身が増殖できるかどうかは、水分子の熱運動という、ものすごく小さな偶然の出会いにゆだねられています。

寅さんがマドンナとめぐりあい、相思相愛になれるのも確率的には非常に低い。ここでも似ていますね。

ちなみに、**細胞内で遺伝子が複製され、タンパク質が合成されていく**、というわたしたちの体内で日々当たり前のように起こっている化学反応。この生化学反応のおかげで私たちは体を維持しているのですが、この反応も、じつはルーチンワークではありません。**この水分子の熱運動による偶然の結果、たまたま発生している事象**なのです。

特殊な装置を使って観察すると、水分子に押された遺伝子と酵素《こうそ》が何度も偶然にぶつかり、くっついた瞬間に化学反応が起こっています。離れて、またパッとくっつく。離れて、パッとくっつく……。これが目にもとまらぬ速さで進んでいます。

あまりに高速なので、ちょうどパラパラ漫画のように、遺伝子と酵素がくっついてスムーズな合成が進んでいるかのように見えるのです。

人間の感覚では一連の流れが連続的に起こっているように見えますが、実際は水分子の熱運動で、でたらめにくっついたり離れたりをくり返しています。生物の世界は合目的《ごうもくてき》的にできているのではなく、かなり適当な面があります。

ウイルスに乗っ取られた細胞の中でも、この反応は変わることなく起こり、リボソームではやはり同じような偶然の積み重ねによりタンパク質を合成します。ウイルスはこの一連の仕組みを利用して、カプシドを量産するのです。

本来、ウイルスは宿主を殺さない

人間に感染して病気を起こすウイルスは、全体から見ればごく一部です。なんてことを書くと、「ノロウイルスでひどい目に遭ったのに、のんきなことというな」とか「それでもエイズとか怖い病気がたくさんあるじゃないか」とお叱《しか》りを受けてしまうかもしれません。

ウイルスとわたしたち人間とが関係している端的な事例を挙げると、病気の話が多くなってしまうのでウイルスが厄介《やっかい》者のように思われてしまいがちです。

しかし、**本来、ウイルスは宿主を殺しません。**

宿主とは、国語辞書では「異種の生物が一緒に生活して、一方が利益を受け、他方が害を受けている状態を『寄生《きせい》』といい、害を受けるほうの生物が宿主」などと説明されています。

しかし、狭義《きょうぎ》では、宿主はウイルスが増殖する細胞という意味でその細胞の持ち主、つまりウイルスに感染する生物を指すこともあります。そして、**感染しても病気にならず、「ウイルスと共存共栄している」のが本来の宿主**です。

一例を挙げると、インフルエンザウイルスは本来はカモ類などの水鳥の腸内にいるウイルスとされています。病気を起こさないウイルスとして、ずっと水鳥の集団内で引き継がれてきたのでしょう。

ところが何かのきっかけでヒトの体内でも増殖できるようになってしまった。しかもヒトの上気道の細胞で猛烈に増殖する性質も獲得《かくとく》しましたが、そもそもヒトは本当の宿主ではありません。だからヒトの体はウイルスを追い出そうとして高熱が出るのですが、悪くすると死亡する場合だってあります。

エボラ出血熱の病原体、エボラウイルスは西アフリカにいるコウモリを自然宿主にしていると考えられています。**コウモリはエボラウイルスに感染しても平気で暮らしていますが、たまたまヒトに感染すると血管や臓器を破壊して、致死率90パーセントという報告もある破滅的な結果をもたらす**のです。

ウイルスにとっては、自分も増殖できなくなるので宿主を殺してしまってはまずいはずです。つまり、そんな高い致死率は本来の宿主じゃない証拠です。

ウイルスとのファーストコンタクト

本来はその地で自然宿主の細胞にとどまっていたウイルスが、人間に接触すると思わぬ被害をもたらすことがあります。

エイズの原因となるＨＩＶ（ヒト免疫不全ウイルス）は、もともとアフリカ中部のチンパンジーがもっていたＳＩＶ（サル免疫不全ウイルス）が、種《しゅ》を超えて感染したものとされています。現地ではチンパンジーを狩猟、食用にしており、その際に血液などからヒトに感染したのです。

エボラ出血熱より感染者数は少ないのですが、マールブルグウイルスが原因の出血性の熱病も、中央アフリカのサルなど動物が自然宿主といわれています。

危険なウイルス性の病気のルーツがアフリカであることが多いのはなぜでしょう？

人類発祥の地であるアフリカ。地球最後のフロンティアと呼ばれる大自然が広がり、独特な文化をもつ人々が暮らす広大な大地。

ただ、この大陸の北部はサハラ砂漠《さばく》、中部は熱帯地域の密林で風土病が跋扈《ばっこ》しているため、大航海時代以降もヨーロッパ人の侵入を拒《こば》んできました。いわば〝未開の地〟で、かつては暗黒大陸と呼ばれていたのは、歴史的にヨーロッパの文明が伝わらなかったからでした。

20世紀も後半になって、そんな未踏の地の奥にも開発の波が押し寄せ、多くの人々が足を踏み入れるようになった（かつてに比べれば、ですが）ために、その地にいたウイルスとファーストコンタクトしてしまったのだと思われます。「未知との遭遇《そうぐう》」ならぬ「ウイルスとの遭遇」です。

本来の宿主とは違う宿主であるヒトにウイルスが取りつくと、爆発的に増殖して、宿主が死んでしまう。それが感染症の流行地で起こっていることでしょう。人類が初めて遭遇したウイルスだからやっぱり弱い。排除するための免疫反応もうまくは働きません。

〝未踏の地〟がたくさん残っているアフリカやアマゾンには、まだこうしたウイルスがいるかもしれません。

ただウイルスはどこにでもいるので、未知のウイルスが日本にいないともかぎりません。狭い国土に昔から人間が住んでいたので、まったくのファーストコンタクトの確率は低いとは思いますが、突然変異によって何かスゴいウイルスが出てくる可能性はまったくゼロではありません。

第3章

ウイルスと人間

〜毒にも薬にもなる利用法

ウイルス発見史〜生物は自然発生するのか

いまではウイルスといえば感染症のイメージですが、ウイルスという存在に人間が気づくまでには長い年月がかかりました。ウイルス発見にいたるまでの、試行錯誤《さくご》の歴史を振り返っておきましょう。

かつて、「生物は親がいなくても物質から一挙に発生する」と考えられていました。いまでも「虫がわく」なんていいますね。米びつの中に虫が大量発生してビックリした人もいるかもしれません。「米が虫に変じた」とはいまではだれも思わないでしょうが、**昔はひとりでに生まれてくる生物もあると疑われていなかった**ようです。

これを「自然発生説」といいます。古くは、

「ウナギは泥の中の根っこが変じたもの」

「ホタルは親から生まれるけれども草についた露《つゆ》からも生まれる」

などと信じられていました。古代ギリシャの哲学者、アリストテレスがそう記しています。

渡り鳥の概念がなかった時代は、「鳥の形によく似た実のなる木があって、その実が落

ちて鳥になる」と考えられていました。

ある朝起きてみたら、たくさんの鳥が木に止まっていたことが不思議だったのでしょう。実際、それを説明している挿絵もあるくらいです。

「確かめてみよう」と思った人がひとりもいなかったのが不思議ですが、実証的な考え方はルネサンス以降、だいたい16世紀になったころから、ようやく芽生えてくるようです。

17世紀にオランダの博物学者、レーウェンフックが、自作の顕微鏡で微生物をつぎつぎに見つけ、それまで植物から自然発生すると思われていた小さな昆虫も、微小な卵から生まれていることを発見しています。

スープなどの肉汁《にくじゅう》は、放っておけば微生物が発生して腐ります。この微生物はいったいどうやって現れたのか。

「やはり生物は自然発生するのだ」

「いや、別の原因だ」

と、自然発生説を疑う学者も現れるようになって、さまざまな実験や議論がくり返されました。

1861年、フランスの微生物学者、ルイ・パスツールが、首が細長く曲がった「白鳥の首フラスコ」を使った実験で、生物が自然発生しないことを証明します。『自然発生説の検討』を著《あらわ》して、とうとう自然発生説は否定されました。

つまり、**自然発生説を明確に否定できたのは、ほんの150年ほど前、19世紀後半に病原体探しの競争が起こる直前のこと**でした。世界史の年表では、産業革命によってヨーロッパは工業化社会へと変貌《へんぼう》していたころ。日本史ではペリーが来た少し後、明治維新の7年ほど前ということになります。

けっこう近代になるまで「ウナギは泥から産まれる」「鳥のなる木がある」なんてことが信じられていたのかと思うと、ちょっとビックリしますね。

病原菌がわかった～細菌学からのアプローチ

「感染症の原因は微生物だった」と判明するのは、自然発生説が否定されてしばらく後の19世紀の終わりごろ、日本でいえば明治になってからのことです。

19世紀後半、ドイツの細菌学者、ロベルト・コッホが炭疽《たんそ》菌を発見したのを皮切りに、結核菌、コレラ菌、赤痢《せきり》菌など、人類を苦しめてきた多くの伝染病（感染症）の病原菌（細菌）が見つかります。

1870年代ぐらいから1920年代あたりは、多くの細菌学者や微生物学者がさまざまな病原菌を発見し、同定していった「微生物学の黄金時代」で、アメーバ赤痢やマラリアを起こす原虫も同じころ見つかっています。

それまでいわれていたような、瘴気《しょうき》（悪い空気）に触れたからとか、神の怒りや何ものかのたたりでもなく、病気にはそれを引き起こす病原体があったとわかります。その後ワクチンや血清《けっせい》療法が実用化されるにいたって、自然科学の万能感はいやがうえにも高まったことでしょう。

近代細菌学はパスツールやコッホによって打ち立てられたのです。

コッホは感染症の病原体を特定するときの、以下のようなガイドラインを掲げています。

①ある病気から、一定の微生物が見つかること
②その微生物だけを培養《ばいよう》できること
③培養した微生物を動物に感染させると同じ病気が起こること

④感染した動物の病巣部《びょうそう》から同じ微生物が見つかること

「コッホの原則」と呼ばれるこの方法論によって、さまざまな病原菌が見つかりました。日本でも北里柴三郎《きたさとしばさぶろう》が中世のヨーロッパで「黒死《こくし》病」と恐れられたペスト菌を、志賀《しが》潔《きよし》が赤痢菌を発見しています。明治維新から20〜30年といった時期ですが、自然科学の分野では、すでに世界でトップクラスの研究がおこなわれていたことがわかります。

偉人伝でおなじみの野口英世《のぐちひでよ》もそこに連なる研究者でした。野口が探していたのは、黄《おう》熱《ねつ》病の病原体です。不眠不休の努力にもかかわらず発見することはかなわず、彼自身が1928年に黄熱病に感染して亡くなってしまいました。

「黄熱病の細菌」はじつは「黄熱ウイルス」でした。ウイルスは小さすぎて、光学顕微鏡では見ることができなかったのです。

「濾過性病原体」と呼ばれていたウイルス

このように「微生物学の黄金時代」にさまざまな病原菌が見つかったものの、ウイルスはなかなか確認できません。「もっと小さい病原菌がいる」と考えた研究者もいましたが、一方で「単なる毒物だろう」という意見も根強くありました。

「virus（英語読みでバイラス）」の語源は「毒」を意味するラテン語です。ウイルスの姿が確認されるまで、ウイルスとはただの化学的な毒物だとする考え方が主流だったのです。

かつてウイルスは、細菌を通さない濾過器《ろか》をすり抜けることから、「濾過性病原体」と呼ばれていました。

この名がつけられたのは、タバコの葉にモザイク状の斑点《はんてん》をつくる植物の病気、タバコモザイク病を起こす病原体が、「シャンベラン濾過器」という陶製のフィルターを通り抜けているらしいと報告されたからです。１８９２年、ロシアのドミトリー・イワノフスキーが最初の発見者とされています。

細菌がリンゴの大きさとすると、多くのウイルスは大豆か米粒くらいのサイズになります。リンゴが落ちない程度の格子《こうし》のリンゴ箱に、大豆や米粒を入れても素通りも同然でしょう。細菌は通さない濾過器の網の目も、ウイルスは簡単にすり抜けていたのです。

電子顕微鏡によってウイルスを観察できたのは１９３５年のこと。アメリカのウイルス学者、ウェンデル・スタンリーが世界で初めてタバコモザイクウイルスの結晶化《けっしょうか》に成功し、電子顕微鏡で観察することが可能になったのです。彼はこの業績で１９４６年のノーベル化学賞を受賞しています。

電子顕微鏡の登場によって、ようやくウイルスの存在が認められたのでした。

ワクチンの仕組みがわかった～医学からのアプローチ

ウイルスの正体が判明するより、およそ１５０年前、ウイルスが引き起こす病気に対して、実用的な対策の第一歩がはじまっています。

イギリスの医師、エドワード・ジェンナーが牛痘《ぎゅうとう》の接種によって天然痘《てんねんとう》を予防する方法を確立、１７９８年に論文で発表して、種痘《しゅとう》がおこなわれるようになったのです。

天然痘ウイルスは非常に感染力が強く、感染した人に高熱をもたらすとともに、顔面などに小豆くらいの発疹《はっしん》をつくります。やがてこれが「膿疱《のうほう》（膿《うみ》の入った水ぶくれ）」となって、全身に広がり、重い場合は消化器や呼吸器に異常をきたして死ぬこともある病気、それが天然痘です。

牛痘は、その名のとおりウシがかかる病気で、天然痘と近縁のウイルスが原因です。ヒトにも感染することがあるのですが、牛痘にかかった人間は、天然痘にかからないか、かかってもずっと軽い症状ですみます。

ジェンナーは、ウシの乳しぼりをしていて牛痘にかかった女性が、天然痘にかかっても激しい症状が起きないことに気がついて、あらかじめ牛痘を接種しておく方法、種痘法を開発したのでした。

ウイルスの存在も、免疫《めんえき》の仕組みも判明していない時代ですが、ジェンナーは経験則から効果的な方法を編み出したのです。

ジェンナーからおよそ100年後、フランスの微生物学者、ルイ・パスツールは病原体を弱毒化して接種すると免疫がつくられることを発見、ジェンナーの種痘を理論づけました。パスツール自身、1885年に狂犬病ウイルスから「狂犬病ワクチン」をつくっています。やはり当時はまだウイルスの存在は知られていませんが、病原体を弱毒化する方法を工夫して、ワクチンをつくったのです。

これをきっかけにさまざまな感染症のワクチンがつくられるようになり、人類は病原体としてのウイルスを抑える手段を手にしました。

ワクチンと抗生物質、どう違う？

20世紀の半ばに最初の抗生物質、ペニシリンが登場して、人類はようやく病原菌を直接叩《たた》く方法を手に入れました。現代では使いすぎが問題になっている抗生物質ですが、その発見は医療の世界を一変させる画期《かっき》的な出来事だったのです。

それ以前の感染症の治療はというと、安静にして栄養をとるなどして生体の防御《ぼうぎょ》機能を上げる、そうやって生命力に期待するくらいしか打つ手がなかったのです。いわば消極的な対応策です。

そもそも病気の原因になっている細菌の存在が証明されたのが19世紀後半のこと。そのあと**ワクチンや血清療法が登場しますが、これも基本的に免疫力という生体防御機能を利用するもの**です。

「結核の治療には原因の結核菌をやっつければいい」

「傷が化膿したのはブドウ球菌や連鎖球菌《れんさきゅうきん》などが原因だから、これを殺せばいい」

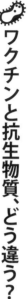

と、**病原菌そのものを排除できるようになったのは抗生物質の登場からでした。**

いわば城壁を固めて防御一辺倒だった弱小国が、槍《やり》や刀という武器を手に入れたようなもの。敵を倒しに打って出ることができるようになったのです。

抗生物質の登場前と登場以後で医学史が区分できるほどの成果で、ペニシリンを発見したイギリスの細菌学者、アレクサンダー・フレミングは、１９４５年にノーベル生理学医学賞を受賞したのでした。

死の病《やまい》だった結核をはじめ、傷が膿《う》んで命を落としていた人などさまざまな病気の人が助かるようになって、人間は遠からず感染症を恐れずにすむようになるのではないかとさえ期待されたのですが、相次ぐ耐性菌の登場という悪循環にはまっていることもあって、残念ながらいまもってそうなっていません。

さらにいえば、風邪などウイルスが原因の感染症には、抗生物質は効かないからです。

妖怪とウイルスは似ている

ジェンナーの種痘からおよそ２００年がたった１９８０年、ＷＨＯ（世界保健機関）

は、天然痘が地球上から根絶されたことを発表しました。封じ込めることができた病原性ウイルス（アメリカとロシアの研究所に保管されています）は、現在のところ、この天然痘ウイルスだけです。

その昔、天然痘が「疱瘡《ほうそう》」や「痘瘡《とうそう》」と呼ばれて、どうしてかかるかわからなかったころは「妖怪《ようかい》のしわざだ」と考えられていました。

日本では疱瘡婆《ほうそうばばあ》という妖怪がいて、天然痘をもたらすと考えられていた時代がありました。江戸時代には、「これを貼っておくと痘瘡にかからない」という寺社の御札が出回っていたくらいです。

基本的に、流行り病（感染症）は原因がわからないままに、次々と病気になっていくわけです。当時の人々は何かの妖怪を想定しないと納得できなかったのでしょう。

ヨーロッパでも香《こう》を焚《た》くなどして悪魔払いの儀式をしていたわけで、魔女として槍玉《やりだま》にあげられて犠牲《ぎせい》になった人もいたはずです。

洋の東西を問わず、流行り病をもたらすものは悪魔・妖怪のたぐいで、超自然的な力であると、少なくとも庶民《しょみん》のあいだでは長く信じられていた時代がつづきました。

妖怪とウイルス、似ています。目に見えないわけですから、想像力を駆使して、彼らが何をするのか、何が起こっているか考えていかなければならない。そんなところはそっくりです。

ちょっと脱線しますが、子どものころのわたしは妖怪好きな少年でした。いわゆる〝科学少年〟ではなかったように思います。科学雑誌より妖怪図鑑が愛読書で、飽きることなく読み返していましたね。

油すまし、ろくろ首、一反木綿《いったんもめん》といったポピュラーな妖怪から、飛頭蛮《ひとうばん》（夜、首だけが空中を飛び回る中国の妖怪）といったマニアックな妖怪まで、名前や生態（？）などを覚えるのが大好きでした。

その知識を活かして、生物学の研究者になってから『ろくろ首の首はなぜ伸びるのか』（新潮新書）という本を書いたくらいです。

だからウイルスと妖怪は接点がある、というと後づけになりますが、昔の人の気持ちになれば病原体はまさしくお化け、妖怪でした。

生物の体の中では、目に見えない不思議な現象が起きています。妖怪や物《もの》の怪《け》のしわざではないとわかっていても、未解明のことだらけです。

その一端でも解き明かしたくて、わたしは大学で分子生物学を学びました。

最初からウイルスに興味をもって研究者になったわけではなかったのですが、いまがあるのは、天然痘ウイルスとの不思議な縁に導かれたような出来事があったからでした。

ウイルスがいたからいまのように生物が進化した？

どういうことかというと……、話はやや回り道になりますが、わたしは大学院生のときから、ＤＮＡポリメラーゼというＤＮＡを複製する酵素《こうそ》の研究をしていました。名古屋大学大学院で、当時の指導教授のテーマをそのまま研究していたわけです。発がんプロセスにＤＮＡポリメラーゼがどう関わっているのだろう、という大きな謎を解明している研究室でした。

がんは遺伝子の突然変異で起こる病気であり、**突然変異の多くはＤＮＡポリメラーゼが原因で起こる**と考えられています。そこで研究室に入って最初に与えられたのが、「ＤＮＡポリメラーゼとがん抑制遺伝子との関係を調べる」という研究です。それで学位を取りました。

酵素というのは、生体で起こる化学反応の速度を速めるタンパク質のこと。じつはこの酵素も長い時間のあいだに進化して、いまの形になったのです。

〝本業〟のテーマがスランプ気味だったこともあって、DNAポリメラーゼという酵素がどんなふうに進化してきたのか（これを分子進化といいます）に興味がわいてきました。

そこでデータベースにあるさまざまな生物のDNAポリメラーゼを集めてきて、コンピュータ上で分子の系統樹《けいとうじゅ》を書き出しました。

系統樹とは生物と生物の関係（系統）を樹木の枝になぞらえて図示したもの。すべての生物群は共通の祖先から由来したという考えに基づき、共通の祖先を根元において（おかない場合もあります）、幹から枝の先へと順に種が分化していくように表現された図です。

ヒトもマウスもウシも昆虫も、さまざまな細菌も、そしてウイルスまで、DNAポリメラーゼのアミノ酸配列（タンパク質を構成している20種類のアミノ酸の並び方）を集めて系統樹に書き出しました。すると、2つのグループに大きく分かれました。

解析した真核生物のDNAポリメラーゼはα《アルファ》とδ《デルタ》の2種類。対して、ウイルスのDNAポリメラーゼは真核生物のものとは違うタイプの1種類だけ。それなのに、真核生物の

図7：DNAポリメラーゼの分子系統樹（2001年当時）

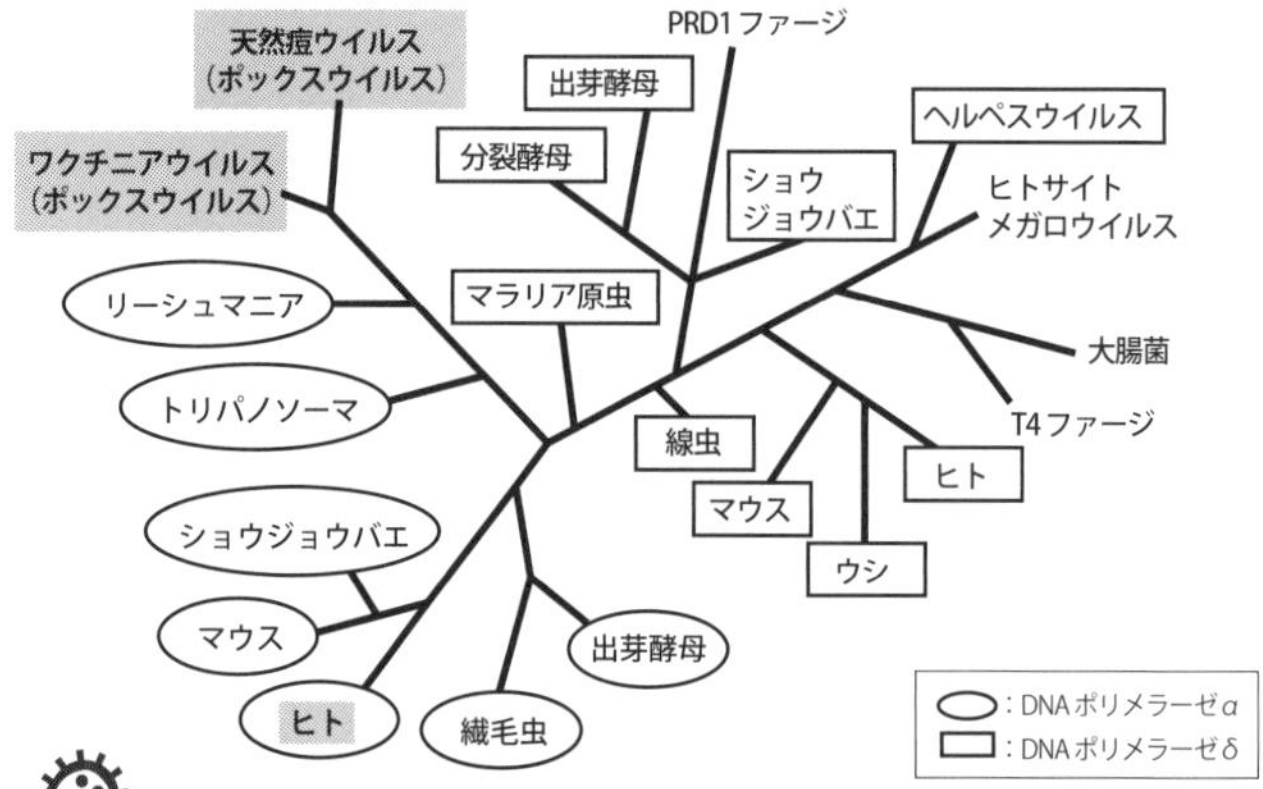

人間とウイルスは案外近い存在なのか!?

α、δグループに近いものに、それぞれ分かれたのです。

さらに、非常におもしろいことが浮かびあがりました。

DNAウイルスのなかでも大型のポックスウイルス（天然痘ウイルスの仲間）のDNAポリメラーゼだけが真核生物のDNAポリメラーゼαに近かったのです。わたしが調べたかぎりの他のウイルスのDNAポリメラーゼは、むしろδのほうに近かったのに。

これはいったい何を意味するのか。なぜわたしたちヒトが属する真核生物のDNAポリメラーゼαとポックスウイルスのDNAポリメラーゼが近いのか？

細かいところは省きますが、これは真核生物の進化にDNAウイルス（ポックスウイルスはこの仲間）が関わっていた証拠なのではないか、そう考えて「真核生物の細胞核が大型のDNAウイルスによってもたらされた」とする論文を書き、2001年、アメリカで発行されている分子進化雑誌で発表しました。

もっと極端に表現すれば、「いまのように生物が進化したのはウイルスがいたからではないのか」という、過激なアイデアだったのです。

急浮上してきた「巨大ウイルス」の存在

その論文が大反響を呼んでウイルスと進化の研究にハマった！……なんてことはまったくなくて、また〝本業〟のテーマに没頭《ぼっとう》していました。

ほぼ同時期に、オーストラリアのフィリップ・ベルという学者が同じような論文を出していたことも、ずいぶんあとになって知りました。2003年に発見された巨大ウイルス

（ミミウイルス）のことも知らなかったくらいです。

その後、わたしは東京理科大学に移ってきたのですが、２００９年になって研究室の学生が紹介してくれたある論文のなかに、わたしの２００１年の論文が引用してあってびっくりしました。もっとも「真核生物の進化に大型のウイルスのＤＮＡポリメラーゼが関わっている」というわたしの仮説が、ちょっと批判的に引用されていたのですが。

それでも注目されるのはいいことだなと思い、その論文を読んだところ「巨大ウイルスが見つかった。どうやら真核生物の誕生あたりまで起源がさかのぼれるウイルスらしい」といった内容で、すごく興味を引かれました。

２００１年のわたしの論文では、巨大ウイルスの発見前ですから、当然、まだ巨大ウイルスという概念はありません。でも、「真核生物の進化に、ゲノムサイズの大きなＤＮＡウイルスが関わっているのではないか」と論じていたので、「わたしの２００１年の仮説もまんざらではない。巨大ウイルスのことをもっと調べてみよう」と思ったのです。

いまにして振り返ると、あのとき、わたしの人生がウイルスと交差したのかもしれませんね。

天然痘ウイルスや牛痘ウイルスの仲間のポックスウイルスなんて、口みたいな形をしていて（もちろん口ではありません）、結構かわいいと思っています（21ページ図1参照）。

実際に巨大ウイルスの研究をはじめたのが2014年あたりからでしたが、2015年に東アジア初の巨大ウイルス「トーキョーウイルス」を発見したあたりから（論文が出たのは2016年）、すっかり巨大ウイルスの魅力に取りつかれています。

巨大ウイルスと生物進化については、第5章で述べることにして、ウイルスのプロフィール（？）についてもう少し説明しましょう。

ウイルスを薬に変えるワクチン

人間にとってウイルスは毒にも薬にもなる存在です。ウイルスによって感染症になりますが、それを逆手にとって病気を治す、代表的な利用方法はワクチンです。

ワクチンとは、細菌やウイルスなどによる病気にかからないために、あらかじめその病原体に対する免疫をつけておくためのものです。病原体を弱毒化、あるいは無毒化したり、その病原体を模した物質を合成したりしてつくります。

ウイルスを使う場合、弱毒化したウイルスを使う〝生《なま》ワクチン〟、殺したウイルスを使う不活化ワクチンのほか、ウイルスの表面にあるタンパク質などを人工的につくる場合もあります。いずれも体の中にそのウイルスに対する抗体をつくって、免疫を活性化させます。

みなさんもお気づきのように、先述した種痘がワクチンのはじまりでした。

いまから200年以上前、ジェンナーのはじめた種痘は、牛痘にかかったヒトの膿からつくられました。これはウイルスが生きている〝生ワクチン〟の一種といえます。

日本では2012年8月まで、ポリオウイルスに対して、生ワクチンが使われてきました。ポリオウイルスは口から侵入し、喉《のど》か小腸《しょうちょう》粘膜《ねんまく》の細胞に感染、さらに神経組織にも達し脊髄《せきずい》を冒すことによって「急性灰白髄炎《きゅうせいかいはくずいえん》」を起こします。かつては子どもに流行し、足などに麻痺《まひ》が残るポリオ（小児麻痺）として恐れられた病気です。

弱毒化したとはいえ、〝生きている〟ポリオウイルスですから、ごく稀《まれ》にワクチンを投与された子どもにポリオと同じ症状が出ることがありました。そのため2012年9月以降は、不活化ウイルスによるワクチン接種に切り替えられました。

殺菌効果抜群の「ウイルス入り食品」

研究が進んでくれば、「こう使えば役に立つ」と利用法が見えてくることもあります。〝応用編〟もいろいろ登場しています。

おもしろいのは、**ウイルスを「食品添加物」として使う方法**です。

食中毒の原因になる細菌を殺すため、バクテリオファージ（細菌に感染するウイルス）が使われているのです。先述したとおり、バクテリオファージは細菌（バクテリア）内で増殖して、放出されるとき、細胞を殺して外に出ていきます。

つまり、**バクテリオファージを使うと、加熱せずに殺菌できる**のです。食品の味や香り、栄養分などに影響せず、しかも殺したい細菌だけを狙った選択的な殺菌が可能になるというわけです。

「ウイルスなんでしょ、食べて大丈夫？」という声が聞こえてきそうですが、バクテリオファージは細菌にしか感染しません。**人間が食べても胃酸で〝死んで〟しまいます。**

食品加工で使うときは、特定の菌、たとえばサルモネラ菌や腸管出血性大腸菌Ｏ－１５

7だけを殺すバクテリオファージを使えばいいのです。こうしたバクテリオファージは、善玉の腸内細菌には感染しないからです。

もともとバクテリオファージは人間の周辺いたるところに存在していて、太古から食べ物と一緒に摂取してきたのですから、とりたてて安全性が問題になることもないのでしょう。**アメリカでは**2006年にFDA（食品医薬品局）で認可され、**ソーセージやハムをなど加工肉からカット野菜まで、いろいろな食品に使われている**ようです。

すでに食品添加用にさまざまな細菌用のバクテリオファージ製剤が販売されていて、さすがはアメリカ、プラグマティズム（実用主義）の国らしいなぁと思います。カナダ、スイス、オランダなど多くの国で認可されているそうですから、いいことずくめのようです。

腸内細菌や常在菌にさえ害を及ぼさなければ、日本でもこの斬新《ざんしん》な「ウイルス入り食品」が認可されてもいいと思うのですが、どうでしょうか。

バクテリオファージを食品添加物だけでなく、**病原菌を殺す抗生物質の代わりに使おう**という研究も進んでいます。バクテリオファージの大きなメリットが、耐性菌が発生しないこと。またバクテリオファージの遺伝子を操作して、宿主《しゅくしゅ》となる菌の種類に幅をもたせたり、より厳密にしたりといったことも可能です。

ウイルスの存在が認識される前からバクテリオファージで病原菌を制御しようというアイデアはあったようですが、抗生物質の登場によって廃《すた》れてしまいました。耐性菌の問題が大きくなった現代、「ファージセラピー」としてあらためて注目を集めるようになっています。

ウイルスが遺伝子を運ぶ「遺伝子治療」

分子生物学など遺伝子研究の現場では、ウイルスがよく使われます。これはウイルスが細胞に感染して遺伝子を送り込む仕組みを利用すれば、組み換えた遺伝子を、簡単に宿主の細胞に入れられるから。

さまざまな実験に欠かせない技術であり、研究の道具としてウイルスは有用です。遺伝子を送り込むための〝乗り物〟は「ベクター（運び屋）」と呼ばれ、ウイルスのDNAの一部が使われます。

これを医療の世界に応用したのが遺伝子治療です。

ある遺伝子が生まれつき欠けている場合、それが原因で重い病気になってしまうことがあります。それならば、欠損している遺伝子を患者の体内に運んでやればいい、ということで研究が進められています。

世界で初めておこなわれた遺伝子治療は、1990年のこと。ADA(アデノシンデアミナーゼ)という酵素をつくる遺伝子が正常に働かないために起こる病気に対して実施されました。

非常に稀な病気ですが、この遺伝子に異常があると、白血球の一種であるリンパ球に必要なタンパク質がつくれません。そのため、ADAが欠けて生まれた子どもは免疫システムが機能しないので、感染症への抵抗力がなく、生命の危険にさらされてしまうのです。

そこで、ウイルスをベクターとして使い、正常なADA遺伝子を体内に送り込んだのです。

その後、さまざまなウイルスを改変したベクターが遺伝子治療に用いられてきました。がんの治療にも使われるようになっていますが、残念なことにいずれの例も、がん化したり白血病を発症したりする事例があり、有効なベクターはまだ確立していません。

まだ一般化していない近未来の医療技術といえるでしょう。

余談ですが、1960年代に『ミクロの決死圏』というSF映画がありました。物質をミクロ化する技術で、医療スタッフが患者の体内に入り治療をするというストーリーです。当時の未来の医療技術のイメージは人間のミクロ化だったわけで、まさかウイルスを使う日がくるとは夢にも思わなかったでしょうね。

あってはならない利用方法「ウイルス兵器」

ウイルスの利用法として「あってはならない」と国際的に合意されているのが、「ウイルス兵器」です。毒ガス・細菌等の使用禁止を定めた1925年のジュネーブ議定書で使用が禁止され、1972年成立の生物兵器禁止条約で開発・生産や貯蔵が禁止されています。

多くの国家間では合意があるのですが、〝ならず者国家〟やテロリストがつくろうとする可能性がないとはいえません。

たとえば天然痘ウイルスを盗んできて、培養《ばいよう》用の細胞で大量に増やせば、かなり簡単につくれてしまいます。天然痘は1980年に根絶宣言が出て40年近くたっており、免疫をもっていない人がたくさんいるので、もし使われるとあっという間に蔓延《まんえん》しかねません。

さらに現代の技術では、人工ウイルスの合成も可能かもしれません。天然痘ウイルスを合成してさらに強力にすることもできます。

がん治療のために、特定の細胞に感染・死滅させるようにウイルスの遺伝子を組み換える研究が進んでいますが、この技術が悪用されると大変です。抗ウイルス薬の効かないウイルスや、人類がまったく免疫力をもたないウイルスが登場する危険があります。

ＤＮＡ合成を請け負う会社もあるので、**注文してつくらせた遺伝子をウイルスに組み込むようなＳＦまがいのバイオテロが起こる可能性も否定できない**のです。

もっともＷＨＯは、こうしたＤＮＡ合成をする会社に、天然痘ウイルスなど病原体のＤＮＡ合成の注文は拒否するように求めていますが……。

また、テロリストにまでこうした知識や技術を広めかねない、〝危険な研究論文〟も、主要な学術雑誌は却下しているようです。

第4章

ウイルスのスゴい能力

〜変身したり爆増したり

ウイルスの基本形は正二十面体

ウイルスの形で多いのは、図2（29ページ）や口絵⑦に示したような正二十面体です。タンパク質で正二十面体のカプシド（殻《から》）をつくって、その中に核酸《かくさん》（遺伝子となるDNAあるいはRNA）が入っているのが基本的な形です。

正二十面体とは、20個の面がすべて合同な正三角形でできている正多面体です。単純ながら均整のとれた美しい形ですね。

なかにはひも状（正確にいえばらせん状）のウイルスもいます。ただこれは、カプシドのタンパク質がひも状につながって、その中に核酸が入っているので、基本的な構造は正二十面体のウイルスと一緒です。

たとえばタバコモザイクウイルスは、カプシドがらせん状に積み重なっています（図8）。らせん状になるのはカプシドのタンパク質がもつ性質のためですが、分子が規則正しく配列すると結晶化《けっしょうか》して、すごく直線的な姿になります（口絵⑧参照）。

カプシドの周囲が脂質二重膜《ししつにじゅうまく》に覆《おお》われているのが、先述したエンベロープウイルス（45

図8：タバコモザイクウイルスの拡大図

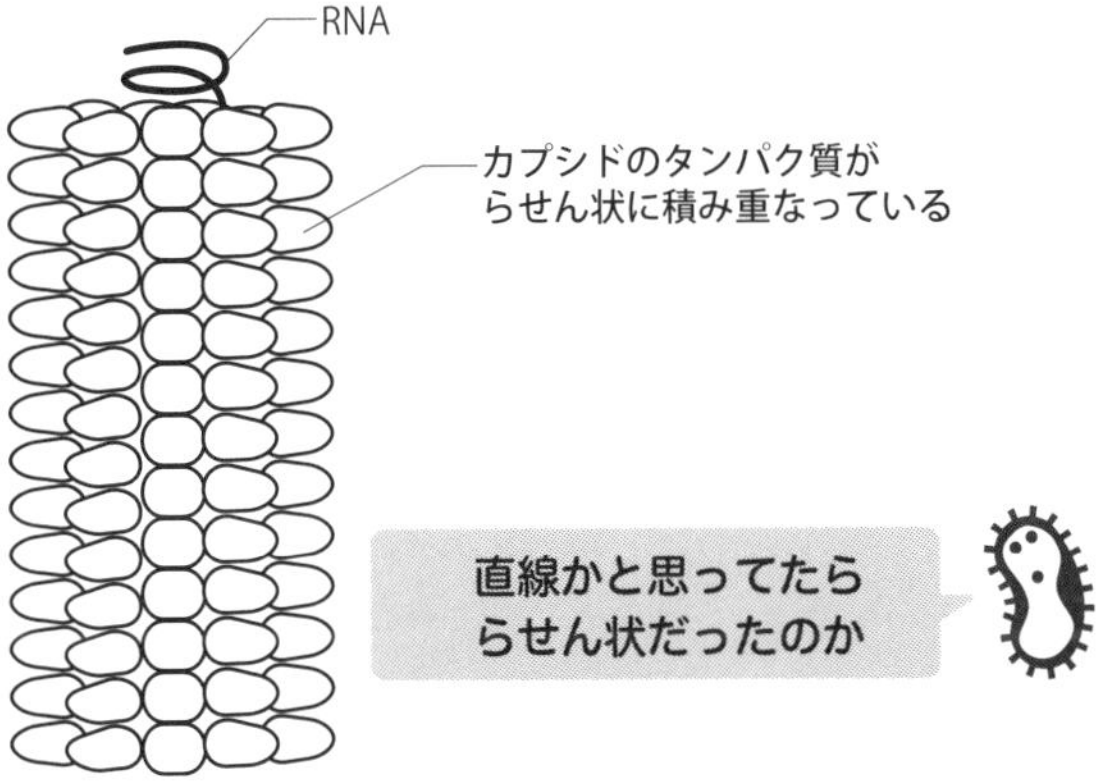
RNA
カプシドのタンパク質が
らせん状に積み重なっている
直線かと思ってたら
らせん状だったのか

ページ図5）です。

脂質二重膜というと細胞膜と同じですが、それもそのはず、エンベロープウイルスの脂質二重膜は、感染した細胞に由来するもの。ウイルスの本体ともいえる遺伝子＋カプシドのみならず、〝服〟までも奪《うば》うようにして細胞につくらせている、ずうずうしい連中といっていいでしょう。

エンベロープウイルスには、ポックスウイルス（口絵①）とかインフルエンザウイルス（口絵⑥）などがいます。正二十面体を脂質二重膜で包んでいるので、ちょっと大きめという傾向があり、一見、ぐにゃぐにゃして生物っぽく見えるかもしれません。しかし細菌よりずっと小さくて、光学顕微鏡で観察するのは不可能です。

エボラウイルス（口絵⑨）やマールブルグウイルスのように、ひも（らせん）状でエンベロープをもつウイルスもいます。こんな形をしたウイルスが細胞の中に入ってくるのは、たしかに気持ち悪いですね。

エンベロープウイルスであれ、エンベロープをもたないウイルス（ノンエンベロープウイルス）であれ、いまのところ見つかっているかぎりにおいては、細長い形よりも正二十面体構造のほうが多いと思われます。

宿主細胞に侵入しやすい形に最適化した

ウイルスの形には、それぞれに意味があるはずです。

ヒトなどの脊椎《せきつい》動物からアメーバなどの原生動物まで、ほとんどの生物が含まれる真核生物は、細胞の外側がやわらかい脂質二重膜でできていて、たとえば免疫細胞のようなものでは、外敵（細菌や病原菌など）が表面にあるタンパク質にくっつけば、細胞がパクッと食べるように取り込んで退治してくれます。

それにはノンエンベロープウイルスであれエンベロープウイルスであれ、宿主《しゅくしゅ》の細胞のタンパク質と接触しやすく、取り込まれやすい形が都合がいい。おそらく宿主との相互作用の結果、「こういう形がいちばんいい！」ということで現在の形になっているのでしょう。**正二十面体というのは、**最大の面数をもつ正多面体であるといえます。**どっちを向いてもくっつきやすくなっている。遺伝子を包むカプセルとして、万能型の形状だった**と考えられます。

またシンプルなノンエンベロープウイルスに対して、エンベロープウイルスは膜の表面に特殊化したタンパク質を配置し、増殖できる細胞と接触したチャンスを逃《のが》さないために備えているかのようです。

形が特徴的なのは、やはりバクテリオファージですね。

代表的なバクテリオファージ（T４）は、正二十面体様のカプシドによる頭部に細長いしっぽ（尾部）がくっつき、尾繊維と呼ばれる脚部をもっていて、かなりメカっぽい形態をしています（29ページ図2、口絵⑤）。

もちろん金属製というわけではなく、しっぽも脚部もタンパク質でできています。

なぜこんな形をしているのかというと、細菌のような原核生物の細胞壁は、非常に硬くて入りにくいからです。ぐにゃぐにゃした生っぽい形なのに、意外でしょう。

ですから、くっついただけでは細胞内に入れません。遺伝子を細胞核の中におさめた真核生物と違って、遺伝子をそのまま放り込んだだけの原核生物（特に細菌）は、細胞壁が糖とアミノ酸がたくさん網状に結合したペプチドグリカンという丈夫な物質でできあがっているのが特徴です。

第2章の図6「ウイルスの一生」（58ページ）のところで説明したように、バクテリオファージは脚部でその細胞壁に取りついて、しっぽをブチュッとさし込んで、頭部に収納しているＤＮＡをまるで注射のように送り込みます。硬い細胞壁を突き抜けて、自分のＤＮＡを注入するために、形を進化させてきたのでしょう。

『エイリアン』のように飛び出す子ウイルスたち

先に触れた「ウイルスの一生」の「合成」のステップのように、ウイルスはコピー方式でつくった遺伝子と、量産型カプシドの組み合わせで増殖します。細胞が分裂をくり返して増えるのとは仕組みが違います。

あるウイルスの場合、ウイルスが細胞内で大量に増殖すると、ふくらんだ風船がはじけるように細胞膜が破裂し、ウイルスが飛び出してきます。

映画『エイリアン』で、人間の体を突き破って宇宙生物が飛び出してくるシーンがありましたが、ちょうどあんな感じでしょうね。

『エイリアン』で飛び出してくるのは１匹でしたが、ウイルスは１００〜数万といった単位ですから、映像になったらもっとすごい迫力かもしれません。

バクテリオファージの場合、細菌の細胞壁は硬いので破裂させるわけにもいかないのでしょう、溶菌酵素《ようきんこうそ》によって細胞壁をあちこち溶かして分断して出てきます。先述のＳＦっぽい形の代表格「Ｔ４ファージ」を例にとると、飛び出してくる子世代は１００〜２００個ほど。細菌にとっては、やはり『エイリアン』同然の災難です。

原核生物の硬そうな細胞壁が音もなく粉々に分解して、月着陸船のようなＴ４ファージが四方八方に散開していく様子は、想像するだけでもなかなか衝撃的です。

また、増殖のスピードは最短で30分程度といわれます。つまり**2時間もあれば１００**

の４乗で、１個が１億個にもなる計算ですから、まさしく爆増です。もっとも宿主となる細菌の数が上限になるので、無限に増えつづけることにはなりませんが。

ともあれ、バクテリオファージが細菌の天敵になっていることがおわかりいただけると思います。感染する細菌はバクテリオファージの種類によって決まっていますから、特定の細菌が増えすぎないように、バランスをとる役目を果たしているのだと考えられます。

やはりウイルスも、自然界を構成する一員と見なくてはいけません。

24時間で100万倍の短期型：インフルエンザウイルス

「潜伏期間」という言葉をご存じでしょう。感染症に関連してよく聞く言葉です。これは細菌であれウイルスであれ、病原体が宿主の体に入って、なんらかの症状が宿主の体に生じるまでの期間を指しています。

細菌をはじめ細胞が1つだけの生物は、ウイルスに感染してしまえば運命は決まったも同然ですが、わたしたちヒトは違います。

ヒトの場合、非常にたくさんの細胞からできあがっていて、精密な免疫システムをもっています。その仕組みによって、体内に入ってきたウイルスが、増殖できる細胞までたどり着くのをまず邪魔するのです。

それでも、大量のウイルスが体内に入ってしまった場合、増殖のスピードがめちゃくちゃに速い場合、あるいは免疫システムがおとろえて十分に機能しない場合など、ウイルスの増殖を許してしまって発病・発症するわけです。

したがって、**ウイルスが細胞に侵入した瞬間に症状が出る、ということはまずありません。**

インフルエンザを例にとると、潜伏期間は1～2日です。体内で数千万に達すると症状が出はじめるとされ、潜伏期間が非常に短いのです。

もちろん、免疫力がしっかりしていれば、少々のウイルスなら撃退できますが、ある程度大量に上気道《じょうきどう》の細胞に感染すると、増殖のスピードに免疫が追いつきません。**インフルエンザウイルスは、24時間で100万倍ともいわれるくらい増殖が非常に速い**のです。

発症する前日、つまり潜伏期間のうちから感染力をもっているといわれるのは、**症状が現れる前から盛んに増殖して、ウイルスが飛び出している**ことを意味します。

感染したかどうかもわからないうちから、すでにウイルスをまき散らすことになってしまうので、感染が拡大しやすいわけですね。

「すっかり治癒《ちゆ》するまで休みなさい」といわれるのはそのためです。会社では学級閉鎖のような〝荒業《あらわざ》〟は使えません。流行を止めるのは簡単ではないのです。

時間をかけて免疫を攻撃する長期型：ＨＩＶ

インフルエンザウイルスが潜伏期間の短いウイルスの代表なら、ヒト免疫不全ウイルス（ＨＩＶ）は、〝気が長いウイルス選手権〟のチャンピオン候補です。

エイズが発症するまでの期間は、ＨＩＶの感染から5～20年、平均して約10年といわれています。ＨＩＶは、免疫システムの細胞（ヘルパーＴ細胞やマクロファージ）に感染すると、そのままひっそりと隠れ、発症しません。

ご存じのとおり、エイズは免疫システムがうまく働かなくなって、通常は感染しないようなカビや細菌にも感染してしまう「日和見《ひよりみ》感染」を起こしたり、がんになったりして死にいたる病気です。

ＨＩＶの特徴は「レトロウイルス」である、という点です。
この「レトロ」は、「逆転写酵素《ぎゃくてんしゃ》（reverse transcriptase）」のことで、「逆転写酵素をもつウイルス」という意味ですから、「昭和レトロで素敵！」などというときのレトロ（懐《かい》古《こ》趣味）とはまったく関係ありません。

レトロウイルスは、遺伝子の本体としてＲＮＡをもつ「ＲＮＡウイルス」の一種です。普通のＲＮＡウイルスは、感染した細胞に自分のＲＮＡを複製させて〝子ウイルス〟の遺伝子にするのですが、**レトロウイルスは、逆転写酵素を働かせて自分のＲＮＡからＤＮＡをわざわざつくり、これを宿主細胞のＤＮＡの中にムリやり押し込む**という、とんでもないことをやらかします。

そうやって組み込まれたウイルス由来のＤＮＡを「プロウイルス」といいます（プロフェッショナルの「プロ」ではなく、ウイルスになる前のものという意味でつけられた、接頭語の「プロ（pro-：～の前の）」です）。

ＨＩＶは自らの逆転写酵素を使ってＲＮＡからＤＮＡを合成し、ヒトのＴ細胞のＤＮＡに組み込んでしまいます。それも何種類かあるＴ細胞のうち、細胞膜表面に「ＣＤ４」というタンパク質をつけたヘルパーT細胞に感染します。

ヘルパーT細胞は免疫システムの司令塔です。〝現場担当〟である他のT細胞や、特定の異物だけを狙う〝飛び道具〟（抗体）をつくるB細胞を活性化して異物をやっつけさせる役割を果たしています。その司令塔が壊されてしまうのですから、たまりません。

しかもヘルパーT細胞だけではなく、「マクロファージ」という白血球の一種にも感染します。

マクロファージは何でも食べる食細胞としてこれまでも出てきましたが、侵入してきた外敵の情報を、ヘルパーT細胞に提供するという重要な役目もになっています。そのためマクロファージが破壊されると、免疫系は大きなダメージを受けてしまいます。

ただ、前述のとおり、ＨＩＶに感染してエイズが発症するまでの期間は、平均で約10年といわれています。この間、ヘルパーT細胞やマクロファージはＨＩＶの感染により機能が落ちてきます。

潜伏中のＨＩＶはじっとしているわけではなくて、バトルを繰り広げ、少しずつ免疫システムの主要な細胞の数を減らしていくのです。

症状は出ないがウイルスをもっている「キャリア」

ＨＩＶの感染初期、発熱などインフルエンザのような症状がみられることがあるものの、多くの人は体の免疫力が勝ってしばらくすると治まります。その後は無症状の期間に入るのですが、この期間もＨＩＶは体の中で毎日１００億個ほど増殖しているというデータもあり、免疫システムの重要な細胞が少しずつ減っていきます。

健康な人では血液１マイクロリットル中に１０００個程度あるＴ細胞が、２００個を下回るくらいになると、免疫不全状態になってエイズを発症するのです。

つまり無症状の期間とは、体の中にＨＩＶがいて増殖しているのに、まだ免疫システムがもちこたえている状態です。「症状はないけれどもウイルスを体内にもっている人」は「キャリア」と呼びます。

ＨＩＶは感染力の弱いウイルスですが、他人に感染させる可能性もあるので、注意が必要です。性行為による感染、母子感染が主な感染経路になっています。

現在では抗ＨＩＶ薬を適切に組み合わせて服用することで、長期間にわたって発症を抑えることも可能になっているので、記憶に止《とど》めておきたいですね。

帯状疱疹は"スリーパーセル"ウイルスのしわざ!?

ウイルスがひっそり細胞の中に入っている状態を、免疫システムはおそらく認識できないでしょう。細胞から子ウイルスが出てきたとき、B細胞がつくる抗体や細胞傷害性T細胞で攻撃することになります。

したがってこうした免疫力が、ウイルスの増殖速度に勝っていれば、発病まではいたらず抑え込めることになります。

ＨＩＶよりももっと潜伏期間が長く、多くの人がもっているウイルスがあります。子どものころにかかる「水疱瘡《みずぼうそう》」の原因、ヘルペスウイルスの一種である水痘《すいとう》ウイルスです。

水疱瘡そのものは、2～3週間の潜伏期間の後、水疱と発熱、そして全身に赤い発疹《はっしん》が出現しますが、6日ほどでかさぶたになって治ります。ほとんどが軽症ですみ、生涯、その感染症にはかからない「終生免疫」を得ることができます。

ですが、このウイルスは治癒後も神経節（神経細胞が集合するポイント）に潜伏するのです。

水痘ウイルスは、免疫を回避するウイルスとして知られています。細胞内に潜伏されてしまうと、**免疫システムは届かないので、ウイルスもそのまま抑え込まれてじっとしているのでしょう。**

ところが、ストレスや加齢によって**免疫力が低下すると、数十年もたっているのに潜伏していた水痘ウイルスが活性化することがあります。**そうすると、潜伏していた神経に沿ってウイルスが増殖し、皮膚に疱疹ができます。

これが「帯状疱疹《たいじょうほうしん》」で、赤い斑点と小さな水ぶくれが帯のように現れ、ピリピリとしたひどい痛みのために、強い鎮痛薬が必要になることも少なくありません。

60代をピークに50～70代に多くみられますが、若い人でも過労やストレスが引き金となって発症します。免疫システムによって抑えられていたウイルスが、活性を取り戻して増殖するからです。

任務地で長期間普通の生活をしながら指令を待つスパイのことを「スリーパーセル（休眠細胞）」といったりしますが、まさに水痘ウイルスは〝スリーパーセル〟ウイルスでしょう。

感染してすぐに爆増するウイルスもいれば、細胞内に潜んで機会をうかがうウイルスもいて、潜伏期間も極端にバラバラ。環境が合えばどんどん分裂して増殖する細菌とはまるで違う。これもウイルスの特徴です。

インフルエンザウイルスはなぜ変異する？

本来、ウイルスが感染する宿主細胞はかなり厳密に決まっています。

タンパク質のわずかな違いを見つけて細胞に吸着、侵入したウイルスは、自分の遺伝子を放り出す「脱殻《だっかく》」のプロセスで、侵入先の細胞がもっている酵素を必要とします。その酵素はすべての細胞にあるわけではありません。

つまり、**ウイルスは〝えり好み〟が強い**んですね。好みの相手が、きわめてはっきりしていて、少しでも条件とか相性が合わないとパスされてしまう。ところがその条件や相性が変わる可能性があるのです。

人間の好みだって変わります。「おしとやかでにっこりほほ笑むお嬢様タイプがいい」という人が「しっかりしていて頼れる姉御タイプにかぎる」と変わることもあるでしょう。

人の心が変化する理由はさまざま、何があったのかわかりませんが、**ウイルスの〝えり好み〟が変わるのは「変異」あるいは「突然変異」**と呼ばれ、仕組みがわかっています。

たとえば**インフルエンザウイルスは、変異しやすいウイルス**として知られています。

みなさんのなかには、「インフルエンザの予防接種を受けたのになぜかかったのだろう？」とか、「去年もインフルエンザA型にかかったのに、今年もA型にかかってしまった。免疫はできないの？」という疑問を抱いた方がいるかもしれません。

たしかに同じウイルスが原因の病気でも、麻疹《はしか》や水疱瘡は子どものときにかかると、ほぼ生涯にわたって免疫がつくのに、この違いは何なのでしょう。

じつはこれ、インフルエンザウイルスの「変異しやすい」という特性からきています。

インフルエンザには、A型とかB型といったタイプがあることをご存じだと思います（さらにC型もあって、いずれもヒトに感染します）。このうち大流行を起こすのはA型、というのは**変異するのはA型だけ**だからです。

インフルエンザウイルスはエンベロープウイルスで、エンベロープの表面にいろいろなタンパク質が埋め込まれています。そのタンパク質のうち2種類にたくさんの亜型（H1〜H16とN1〜N9）があって、組み合わせで「H1N1」「H3N2」などさまざまなバリエーションができるのです。

この組み合わせだけで１４４種類！　となると、かかったことがなく免疫のないインフルエンザウイルスに出会ってしまう可能性があることがよくわかるでしょう。

「サルから人間」並みの超速進化⁉

それだけではありません。

インフルエンザウイルスは遺伝子としてＲＮＡをもつ「ＲＮＡウイルス」です。といってもＨＩＶウイルスのように逆転写酵素でＤＮＡをつくって宿主細胞に送り込んだりはせず、ただひたすら自分のコピーを宿主細胞につくらせつづけるのですが。

このＲＮＡを複製する過程で、ミスコピーが起こります。

もっともこれは、わたしたち生物の細胞でも起こる可能性がありますが、生物の遺伝子は例外なくＤＮＡなので、修復機能をもっています。

ご存じのようにＤＮＡは２本の鎖が一対になった二重らせん構造です。複製されるときは、１本ずつに分離して、それぞれが新しく合成された鎖と一緒になる仕組みになっています。1本鎖になったとき、もう一方の鎖で手をつなぐ相手（塩基）は決まっているので、自動的に間違えずに複製できるわけです。

稀《まれ》に間違ってしまうこともありますが、DNAポリメラーゼにくっついているDNA修復酵素が働いて修復しています。DNAを合成するときだけでなく、化学物質や放射線で傷ついたときには、損傷した部分を取り除いて入れ替えるといった機能もあります。

一方、**1本鎖のRNAは**化学構造的にDNAよりも不安定であることに加えて、こうしたエラーを修復する機能がありません。結果、**エラーが起こると固定化されてしまう。これが突然変異です。**


突然変異はインフルエンザウイルスにかぎらず、どんなウイルスでも起こります。ただ、RNAウイルスはDNAウイルスに比べると突然変異が起こりやすいという特徴があります。わかりやすくいえば**「RNAウイルスは進化が速い」**といっていいでしょう。

これに対してDNAをもつ生物は、チェック機構やエラーを修復するメカニズムを備えているので、突然変異は起こりにくく、進化もゆっくりしたものになります。

サル（類人猿）からヒトが分岐《ぶんき》したのは700万年前、いまの人類が誕生したのは20万

年前といわれます。これを〝インフルエンザウイルス時間〟にして早回しすると、極端な話ですが、

「お前、去年はサルだったのに、今年は人間になったのか」

というくらいのスピードかもしれませんね。

インフルエンザウイルスの変身に追いつかない

さらにインフルエンザウイルスは、1本鎖のRNAが8本（C型だけ7本）に分かれた状態（分節化RNA）となってカプシドに格納されています。これが感染した細胞の中で放出されるわけですが、このとき2つのウイルスが同じ細胞に感染することがあります。

しかも、ウイルスは特定の生物の特定の細胞にしか感染しないはずなのに、なぜか種をまたいで感染することがあります。

たとえば、ブタはトリインフルエンザウイルスにもヒトインフルエンザウイルスにも感染します。

こうして、**1匹のブタの細胞に、トリインフルエンザウイルスとヒトインフルエン**

図9：新型インフルエンザウイルスの誕生

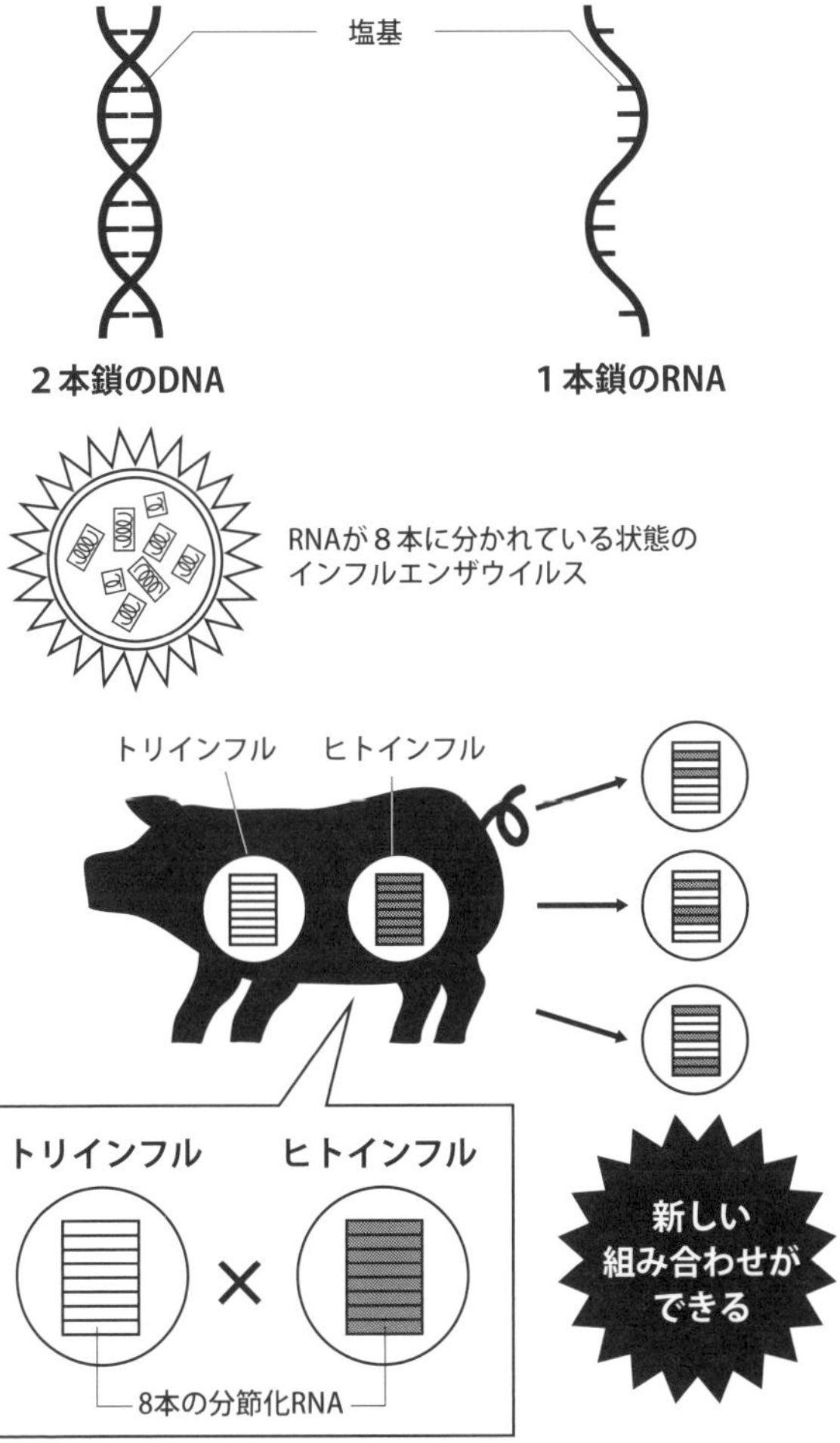

ザウイルスが吸着、侵入するとどうなるでしょう。

ブタの細胞の中で、本来は同居しないはずの2種のインフルエンザウイルスが分節化RNAを8本ずつ放出、合計16本の分節化RNAがばらまかれることになります。その結果、**新しい分節の組み合わせをもった新しいインフルエンザウイルスが生まれる**わけです。

このように変わり身の早いインフルエンザウイルスへの対策は、なかなか追いつきません。インフルエンザウイルスは20世紀に3回、パンデミック（世界的大流行）を起こしました。1918年の「スペイン風邪」、1957年の「アジア風邪」、1968年の「香港風邪」です。遠からず、新たなパンデミックが起こることも懸念《けねん》されています。

こんなことが起こるのも、インフルエンザウイルスがさまざまな突然変異メカニズムを自在に使い、次々に変異を起こして、宿主の免疫攻撃から逃れているため。

つまり、宿主の免疫に〝負けて〟しまったインフルエンザウイルスは増殖できなくて少しずつ淘汰《とうた》されているということでしょう。

そうやって〝選択〟されているのだと考えると、**インフルエンザウイルスはいまも刻々と〝進化〟している、**ともいえそうです。

第5章

ウイルスは元は生物だった？

～ありえない存在がぞくぞく発見

「厄介者」から「恩人」へ、変わるウイルス観

「生物じゃないはずなのに、DNAとかRNAとかもっているってどういうこと？」
「もしかして生命に進化する途中の物質？」
「ウイルスとはいったい何なのか、ますますわからなくなった」
といった声が聞こえてきそうです。

でも安心（？）してください。最先端の生物学でも「ウイルスとはいったい何なのか」単純にはいえない状況です。こうした疑問は、最新のウイルス研究の核心をついているので、真っ正面から問われると悩んでしまう〝プロ〟の研究者もいるかもしれません。

従来の「ウイルス＝病気を引き起こす厄介者《やっかいもの》」「奇妙なふるまいをする、生物とはいえない物質」といったウイルス観が、じつは人間が勝手に決め込んだ狭い考え方だったことに、一部の研究者たちは気づきはじめていて、いまでは**「ウイルス＝地球生態系になくてはならないプレーヤーであり恩人たち」**という位置づけに向かいつつあります。

そのきっかけのひとつとなったのが、ここまでに名前だけは何度か登場してきた「巨大

ウイルス」の発見でした。

最初の巨大ウイルスが見つかったのは1992年でしたが、約10年ものあいだ、細菌の一種だと思われていました。

巨大とはいっても、もちろん肉眼で見えるほど大きいわけではありません。せいぜい細菌ほど。ところがのちに「巨大ウイルス」と呼ばれるグループとなり、注目を集めるようになりました。

彼ら、巨大ウイルスは従来知られてきたウイルスとはかなり違った、さまざまな特徴・性質を備えていたからです。

この章では、**巨大ウイルスの研究から見えてきたウイルスが地球生態系で果たしてきた役割**について、また、**新しい生物進化の考え方**について説明していきたいと思います。

巨大ウイルスについていきなり説明したいのはやまやまですが、そのおもしろさをすんなり理解してもらうために、生物の系統について整理していくところからはじめましょう。ややや遠回りですが、急がば回れ、です。

生物は「3ドメイン」に分類される

読者のみなさんが学校で生物を習ったのはどのくらい前でしょうか？　10、20年、あるいはもっと以前でしたか？　だとすると第1章で少しだけ登場した「古細菌（アーキア）」は初めて見知る名前だったかもしれません。高校の生物の教科書に本格的に登場するようになったのは２０１２年からだそうですから。

生物を細胞の構造で分類すると、29ページの図2のように、細胞内に核をもたない「原核生物」と核をもつ「真核生物」にまず二分されます（これは昔の教科書にも出ていましたね）。

原核生物には核がないので、遺伝子（生物はみんなＤＮＡでもっています）は、細胞壁と細胞膜《まく》からなる構造体の中にそのまま入っています。一方、真核生物ではＤＮＡは核の中におさめられ、ミトコンドリアなどの細胞小器官ももっています。

たとえていえば、同じ住宅でもワンルームだったものが、４ＬＤＫになったようなもの

図10：生物界の分類は五界説から3ドメイン説へ

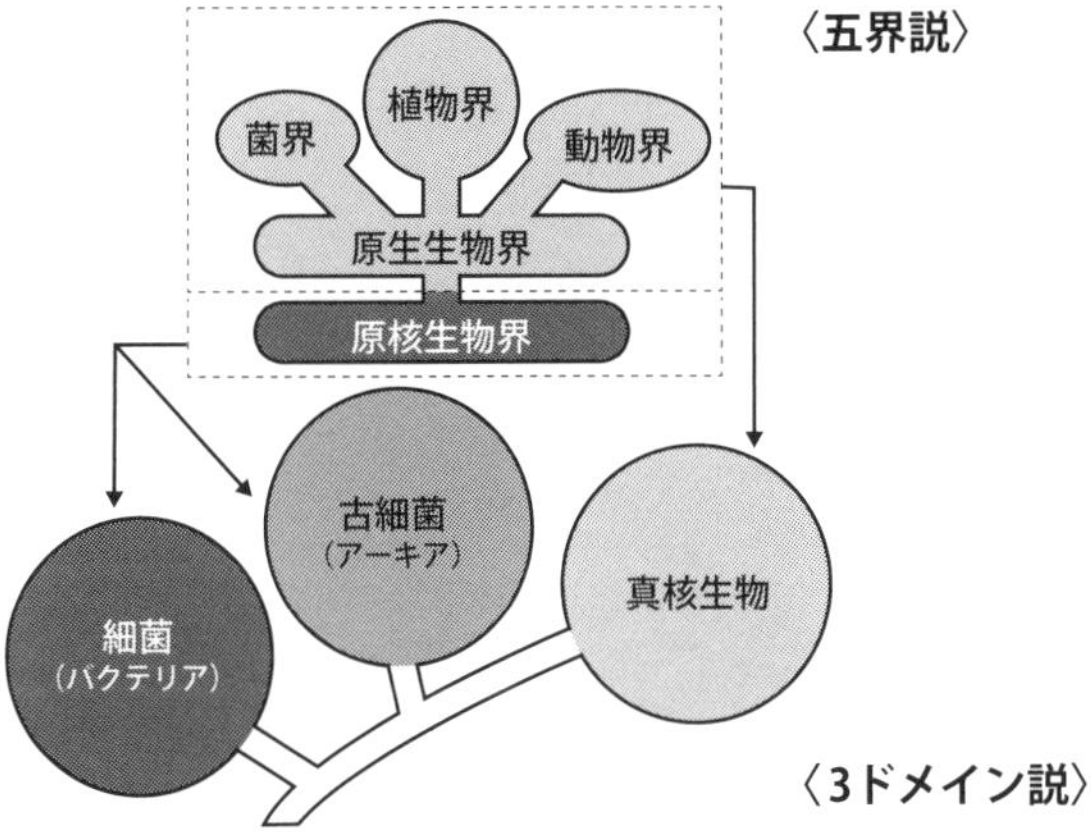

です。ずっと複雑になって機能的になり、遺伝子の居心地もよくなったわけです。

アーキアは前者、「原核生物」の仲間なのでワンルーム派です。

この「原核生物」とは細菌たちが属しているグループで、かつてはひとくくりにされていたのですが、遺伝子の解析《かいせき》が進んでリボソームRNA（リボソームに含まれるRNA）の塩基配列を調べたところ「細菌」と「古細菌（アーキア）」に分かれることが判明したのです。

なぜリボソームRNAを基準にしたのかというと、①すべての生物に存在すること、②すべての生物で機能が同じであること、③進化速度が比較的遅いので生物界全体を見渡したときの生物の系統解析に適している、という理由です。

ワンルームにも和室と洋室があったようなものです。昔の航空写真ではわからなかったけれども立ち入り調査してみたら2タイプあることがわかった、みたいなイメージですね。

「真核生物」は、リボソームRNAを調べてもそのまま1つのグループでしたから、前ページの図10のように生物の世界は大きく3つに分かれるという「3ドメイン」説が提唱されました。


ちなみに「細菌」とは、おなじみの大腸菌や地球に酸素を満たす役割を果たしたシアノバクテリアなどのこと。「古細菌（アーキア）」は、海底火山の熱水鉱床《ねっすいこうしょう》に生息する超好熱《ちょうこうねつ》菌《きん》や、高塩濃度の環境にいる高度好塩菌など（このふたつを合わせたものが「原核生物」ですね）。

そして「真核生物」には、アメーバのような単細胞生物からすべての多細胞生物、すなわち菌類、植物、動物（もちろんヒトも）までいます。

現在、生物の大本の分類で広く認められているのが、この「3ドメイン」説です。

「ドメイン（domain）」と聞くと、インターネットやパソコンの用語のように思われるかもしれませんが、英語の意味は「分野・領域」。とくに「全体の中で定義される部分領域」を示し、日本語では「超界」と訳されています。

かつての分類では、すべての生物を5つの界（kingdom）に分けていました。その上位の概念という意味で、この「超界」という訳が与えられたようです。でもやっぱり違和感のある人が多いようで、普通はそのまま「ドメイン」と呼ばれています。

巨大ウイルスはかつて生物だった⁉

20世紀の終わりごろまで、五界説は支持されていました。生物は、原核生物（モネラ）界・原生生物界・菌界・植物界・動物界の5つに大きく分類できるという説です。

これは生物の栄養摂取の方法を基準としたもので、１９６９年にアメリカの生物学者、ロバート・ホイッタカー（ホイタッカーとも）によって提唱されました。生物の見た目と整合性があって、わかりやすい分類だったために、長らく生物分類の基本とされてきました。

五界説では、まず原核生物と真核生物を分け、普通の細菌やシアノバクテリア（光合成する細菌）などを原核生物界に置き、発達した多細胞生物を菌界、植物界、動物界としています。

しかし原生生物界には、真核生物のうち植物、動物、菌に分類されなかったものが押し込められているなど、ＤＮＡが調べられるようになった現代からみると、妥当《だとう》なものとはいえません。

タンパク質のアミノ酸配列や塩基配列がわかるようになったのと同じころ、アーキアがつぎつぎに発見されました。見た目は細菌のようだが、調べてみると遺伝子の中身は細菌よりもむしろ真核生物に近い。そうなって、五界説は説得力を失ってしまったのです。

しかし、巨大ウイルスの発見をきっかけとして、それと同じようなことが起こるかもしれません。「巨大ウイルスは第４のドメインとみなすべきじゃないか」と、考える研究者が出てきたからです。

巨大ウイルスの遺伝子を調べて研究をつづけるうち、巨大ウイルスの複雑性がわかってきて、かつて知られていたウイルスとは様子が違う、真核生物に近いことが明らかになってきました。

図11：巨大ウイルスは第4のドメインか？

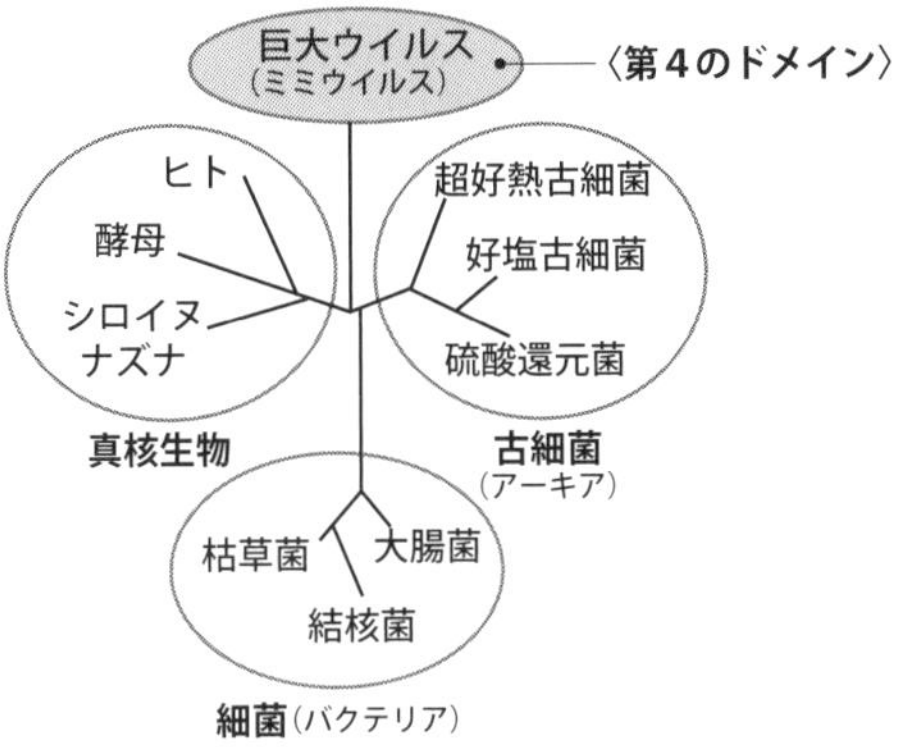

出典：Raoult D et al.(2004) Science 306, 1344-1350.より改変

もしかしたら巨大ウイルスは「昔は独立した生物であって、それが要らないものを脱ぎ捨てた姿を現在見ている」のかもしれない。

その「元生物」こそが「第4のドメイン」です。細菌ともアーキアとも真核生物とも違う別のグループを構成していた生物がいて、それが進化して、いま見るような巨大ウイルスになったと考えることもできるのではないか、ということです。

図11に示すように、「第4のドメイン」はアーキアと真核生物の真ん中あたりに位置しますが、微妙に真核生物に寄っています。そこにはやはり意味がある。

いろいろな分子を調べて系統関係を洗って

いくと、おそらく真核生物とアーキアが分かれた後ぐらいに「第4のドメイン」が分かれたと考えられるからです。

ウイルスは細胞なら何にでも取りつくのに、現在までに知られている**巨大ウイルスは真核生物にしか感染しません。**だから真核生物が分かれた後に派生、分岐していったのではないかと考えられ、アーキアと真核生物の真ん中あたりのやや真核生物寄りに、巨大ウイルス（の元になる生物）がいたのではないか、つまり**昔は、生物だったのではないかと推察できる**のです。

多彩な遺伝子をもつ巨大ウイルスの発見

ただし、いまのところ巨大ウイルスは、やはりウイルスの仲間です。したがって生物の分類である現在のドメインに加えるのはおかしい、と考える人のほうが多いので、まだまだマイナーな仮説という扱いです。

しかし、われわれ巨大ウイルスの研究者の一部は「**いまの生物の定義のほうがおかしい**」と考えています。というのも、巨大ウイルスはサイズが大きいだけでなく、多彩な遺伝子をもっていて、細胞性生物に近い機能を備えているものもいます。**従来の生物・非生物の定義に当てはめようとしても、どうにもおさまらないウイルスがつぎつぎと見つかっている事実**を直視すると「定義のほうがおかしい」と考えざるをえないからです。

何度も述べてきたように、ウイルスは感染した宿主《しゅくしゅ》細胞の機能を利用して増殖します。それゆえウイルスは、「宿主細胞に頼ればいい機能の遺伝子なんかもたないよ」と主張しているかのような、ミニマリストっぷりを示しています。

その潔《いさぎよ》さ（?）ゆえに、生物とは見なされてこなかったのですが、**巨大ウイルス**のなかには、**機能すべてを宿主細胞に頼らなくてもすむよう、一部の遺伝子を備えたものがいる**ことが発見されています。これは常識破りの大事件でした。

たとえばタンパク質をつくるのに必要な翻訳系の遺伝子を、すべてとはいわないまでも、ちゃんともっている。宿主に頼ればいいはずなのに、一部を自前でもっているのです。

「ミニマリストじゃないおまえたちは、ウイルス界の裏切り者だ！」

「余計なものの所有はいっさい認めないぞ！」

と、ウイルス同士で揉《も》めそうな話です。

生物とは何か——寄生植物ラフレシアをどう見る？

もちろん巨大ウイルスは、必要な遺伝子をフルセットもっているわけではありません。それでも生物とは何か、あらためて問い直すきっかけになっています。

実際、**「遺伝子をフルセットもっていないからといって、これを『生物ではない』と切り捨てていいのだろうか」**という疑問をもつ研究者は増えています。

生物のなかには、遺伝子の一部をよそから手に入れた寄生性生物が存在します。

たとえば**世界最大の花として知られるラフレシア**。もちろん立派な植物です。花径は1メートルにも達するそうですが、**他の樹木に寄生する根があるだけという、完全寄生植物（生物）です**。

ラフレシアは葉緑体をもたず光合成をしないので、栄養を100パーセント宿主に頼って生きています。それだけならまだしも、ラフレシア細胞内のmRNA（メッセンジャーRNA）の一部は、宿主由来のものと報告されています。

ある部分の機能がない、遺伝子を自前でもっていないからといって生物ではないとはいえません。逆に、生物の重要な特徴となる遺伝子を、部分的とはいえ保持している巨大ウイルスを、生物ではないと断じてしまってほんとうにいいのでしょうか？

「DNA↓RNA↓タンパク質」という遺伝情報の流れ

巨大ウイルスが真核生物の進化に関係している話を理解していただくために、ちょっと「第4のドメイン」から離れて、DNAとRNAについて基本的なところを、もう一度整理しておきましょう。

最初に念を押しておくと、DNA（デオキシリボ核酸）もRNA（リボ核酸）もそれ自体は有機化合物、それもたくさんの炭素・水素・窒素《ちっそ》・酸素が複雑に、かつ精密につながりあってできた「核酸」という物質です。原始の地球で、自然に合成されたと考えられています。

遺伝情報を記録するために使われている物質が、このDNAやRNAでしたね。でも物質であって、生物ではありません。パソコンやスマホの中の記憶素子、メモリがケイ素

（シリコン）でできているのと同じで、あくまでも記録しておくための物質です。

すべての生物は遺伝子としてＤＮＡをもっています。細菌もアーキアも、そして真核生物も、です。裏を返せば、ＤＮＡをもたない生物はいません。では、ＲＮＡは何をしているのか。

ＤＮＡは「遺伝子の本体としてのはたらき」の中心になるのに対して、**ＲＮＡは「その遺伝子をはたらかせ、タンパク質をつくるはたらき」**の中心となります。

２つの役割が結びついて、遺伝情報がきちんと伝わる（＝タンパク質がつくられる）ようになっているのです。

先述したように、ＤＮＡは２本の鎖からなる二重らせんを形成しており、これを複製してわたしたちは細胞を増やしていくわけです。２本の鎖は４種類の塩基、Ａ（アデニン）とＴ（チミン）、Ｇ（グアニン）とＣ（シトシン）が対《つい》になる性質によって結びついており、この塩基配列が遺伝情報の元になります。

ＲＮＡも基本構造は同じで４種類の塩基でできていますが、１本の鎖で二重らせん構造はとっていません。また４種類の塩基のうち、Ｔの代わりにＵ（ウラシル）が使われています。

では、ＤＮＡとＲＮＡの役割を見ていきましょう。

まず前段階として、遺伝とは〝親〟から〝子〟へ遺伝情報（塩基配列によるタンパク質の設計図など）が伝わることです。細胞は分裂によって数を増やしていきますが、〝親〟の遺伝子を〝子〟に伝えるために、〝親〟と同じＤＮＡをもう1セットコピーして2倍にしておきます。そうして細胞分裂の際に、新しく増えたＤＮＡを〝子〟細胞に伝えるのです。これが「ＤＮＡの複製」です。

次に、遺伝情報の流れは次の2つのステップで進みます（141ページ図12参照）。

①転写＝ＤＮＡの塩基配列がＲＮＡの塩基配列へと写し取られる
②翻訳＝ＲＮＡの塩基配列がアミノ酸配列へと置き換えられる（＝タンパク質の合成）

細胞核の中で、ＤＮＡの二重鎖がほどけ、ＤＮＡの塩基配列がそのままコピーされるようにして、ＲＮＡができます。この一連の流れが①の「転写」です。版画を制作するときのようなイメージでしょうか。版画の元になる版木にインクを塗り、それを紙に写し取る。このときの版木がＤＮＡで、紙がＲＮＡです。

あるいは、遺伝の話のなかで「鋳型《いがた》」という言い方を聞いたことがある人も多いでしょう。転写の際にはＤＮＡの二重鎖がほどけ、一方の鎖（鋳型鎖）の塩基に対応する形で、ＲＮＡの塩基がつくられます。その結果、**ＤＮＡの塩基配列（鋳型とならなかった鎖）とＲＮＡの塩基配列は、ＴがＵになる以外は同じとなります。**たとえば、ＤＮＡの塩基配列がＡＧＴ、ＣＴＣ、ＣＴＡと並んでいれば、ＲＮＡはＡＧＵ、ＣＵＣ、ＣＵＡという塩基配列になります。

「転写」はＲＮＡポリメラーゼ（ＲＮＡ合成酵素）という酵素が触媒《しょくばい》になる化学反応です。巨大ウイルスの話をするときのキーワードになるので覚えておいてください。

次に②「翻訳」です。

転写によってつくられたＲＮＡは、ｍＲＮＡ（メッセンジャーＲＮＡ）という形になって、細胞核を出て、細胞質にたくさん浮遊しているリボソームに移動します。リボソームはタンパク質が合成される場です。

図12：セントラルドグマにおける転写と翻訳

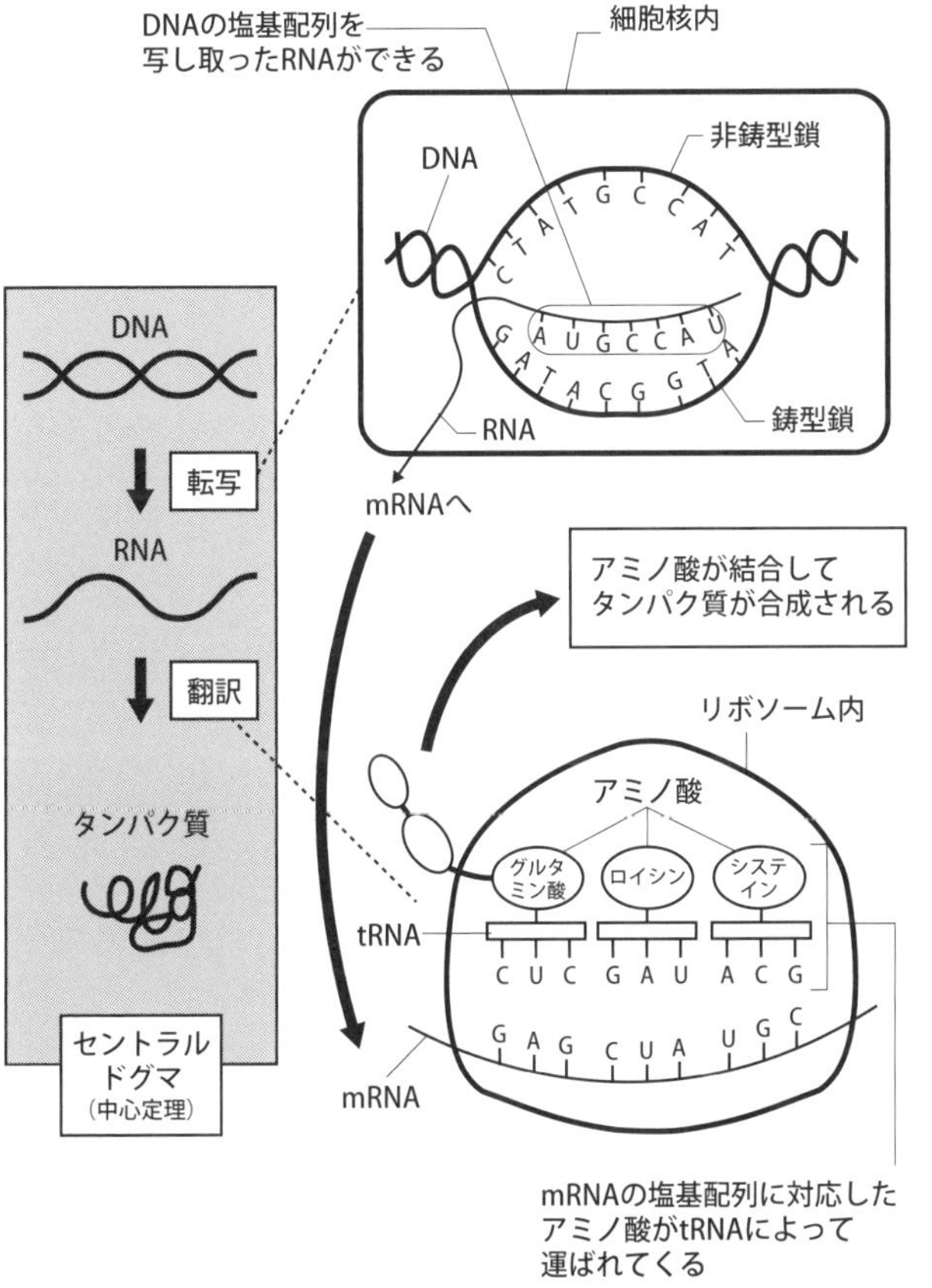

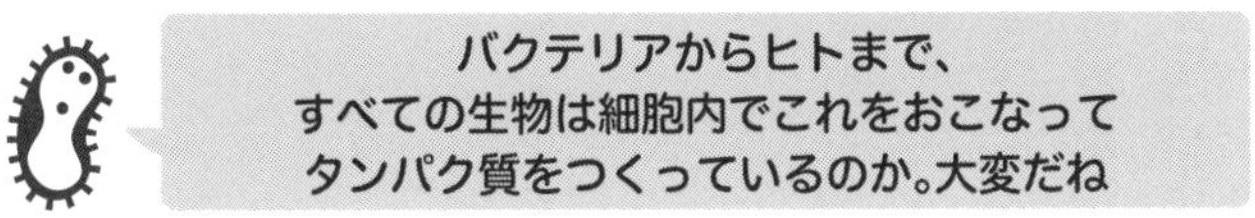

このｍＲＮＡの塩基配列を元に、リボソームでアミノ酸をつくっていきます。ｍＲＮＡがＵＧＣならシステイン、ＣＵＡならロイシン、ＧＡＧならグルタミン酸と、塩基３つの組み合わせで、どのアミノ酸を指定しているかが決まっています。それらに対応して、ｔＲＮＡ（トランスファーＲＮＡ）が特定のアミノ酸を運んでくるのです。

つまり、**ＤＮＡの遺伝情報を写し取ったＲＮＡの塩基配列を、アミノ酸配列に翻訳しているわけです。**そして、アミノ酸が結合してタンパク質が合成されます。

この過程では３種類のＲＮＡ（ｍＲＮＡ、ｔＲＮＡ＝アミノ酸を運ぶ、ｒＲＮＡ〈リボソームＲＮＡ〉＝タンパク質合成に関わる）がはたらいています。

この**「ＤＮＡ→ＲＮＡ→タンパク質」という遺伝情報の流れを生命の「セントラルドグマ（中心定理）」**といいます。細菌からヒトまで、すべての生物はこの法則にのっとって、遺伝子の情報から自分でタンパク質をつくっています。

生き物はみんな、そうやってつくったタンパク質を使って、細胞が代謝したり増殖したりして生命をつなぐ活動をしているのです。

最初の生物はDNAではなくRNAを使っていた？

ＲＮＡとＤＮＡはどちらも同じ形をした姉妹分子ですが、最初にできたのはＲＮＡだとされています。ＲＮＡのほうがＤＮＡよりも化学的に合成されやすいため、**生命誕生以前の原始の地球では、まずＲＮＡがつくられたというのです。**

生命の基本機能は「代謝」と「遺伝」です。代謝と遺伝、この2つがそろって初めて生命の誕生となるので、両者をになう物質が何だったかが探究されました。

代謝においてどうしても必要なのが、化学反応を促進する触媒です。触媒は自身とは別の物質の化学反応を促進したり抑制したりする物質で、触媒があることで反応がスムーズに進みます。現在の生物では、触媒はおもにタンパク質がになっています。

現在の生物はすべての遺伝情報をＤＮＡで保持しており、ＤＮＡの合成にはタンパク質が、タンパク質の合成にはＤＮＡの遺伝情報が使われています。ＤＮＡがメインとなるこの世界を「ＤＮＡワールド」と呼びます。

一方、ＲＮＡは、かつて触媒作用がないと考えられていましたが、１９８０年にある種のＲＮＡは触媒として働くことがわかりました。

さらにＲＮＡは、自分のコピーをつくる鋳型になりえるので、遺伝をになうことができます。つまり、ＲＮＡだけで代謝と遺伝ができることになり、いまでは最初に生物が用いた物質はＲＮＡだったとする説が有力です。

「遺伝子として情報を保持する働きも、実際に活動するタンパク質としての働きもＲＮＡがすべてになっていた」と考えられるわけです。これは「ＲＮＡワールド」と呼ばれる仮説です。実際にそれがあったことの証明はされていない（できない）ものの、高校の生物の教科書でも紹介されているくらいで、かなり支持されている説です。

なぜＲＮＡワールドからＤＮＡワールドへ移行したかといえば、ＤＮＡはＲＮＡよりも安定した物質で、重要な遺伝子を蓄えるには適していたからでしょう。

ＲＮＡはよく自己分解してしまうほどの、かなり不安定な物質です。不安定というと聞こえが悪いかもしれませんね。

いい換えれば、他の物質と反応しやすい、反応性がいいということです。ＲＮＡの触媒作用はそのおかげのひとつだともいえますし、先ほどのセントラルドグマの「翻訳」でタンパク質をつくる際にＲＮＡ御三家（ｍＲＮＡ、ｔＲＮＡ、ｒＲＮＡ）が活躍するのも適材適所、変化しやすい性質を利用しているからです。

このことは、ＲＮＡワールドからＤＮＡワールドへ移行した過程を示しています。当初はＲＮＡだけで遺伝も触媒もになっていたものが、触媒に効率のいいタンパク質を使うようになり、遺伝子を貯蔵するのにも安定したＤＮＡを使いはじめる。こうしてＲＮＡの役割が次第に小さくなっていき、ＤＮＡとタンパク質が活躍するようになったと推定できるのです。

ＲＮＡウイルスはＲＮＡワールドの生き残り？

少なくともＲＮＡが遺伝子になりうることは、ウイルスが証明しています。

ここまでサクッと触れてきましたが、ウイルスは、遺伝子本体としてＲＮＡをもつ「ＲＮＡウイルス」とＤＮＡをもつ「ＤＮＡウイルス」の2つに大別されます（次ページ図13）。

図13：おもなDNAウイルスとRNAウイルス

ウイルスの分類	科	有名なウイルス
DNAウイルス	ポックスウイルス	天然痘ウイルス
	ヘルペスウイルス	単純ヘルペスウイルス
	アデノウイルス	アデノウイルス
	パピローマウイルス	ヒトパピローマウイルス
RNAウイルス	オルソミクソウイルス	インフルエンザウイルス
	ピコルナウイルス	ポリオウイルス ライノウイルス
	レトロウイルス	HIV （ヒト免疫不全ウイルス）

いまのところ、**ＲＮＡを遺伝子としているのはＲＮＡウイルスだけ**なのです。

というと「ＲＮＡウイルスは、ＲＮＡワールドの生き残りなの？」と早合点する方がいるかもしれません。でも残念ながら、いまのＲＮＡウイルスがかつてのＲＮＡワールドの末裔《まつえい》というわけではありません。ＲＮＡワールド自体ひとつの仮説ですし、なによりも**いまいるウイルスの起源は、そんな太古の時代までさかのぼれない**でしょう。

最初の原核生物の化石は35億年前の岩石から発見されていますが、ＲＮＡ自体、不安定な物質なので古い岩石の中から見つかることは期待できそうもありません。

また、いま存在している生物の遺伝子から変化を逆算していく方法で、生物の系統やその変化がいつごろ起きたのかは推測できますが、生物が登場する前後となると時間のスケールが大きすぎて対応できないのです。

そもそもウイルスは生物よりも後から登場したと考えられていて、その起源については、おおまかに以下の3つの説があります（次ページ図14）。ただし、まだ決着がついていません。

第一は、かつて細胞だったものが、どんどんミニマリスト化していって、タンパク質をつくるのに必要なリボソームまで捨てて、必要最小限の要素だけ残したものがウイルス、という考え方。

第二には、細菌がもっていた「自己複製因子」が飛び出してウイルスになったという説。自己複製因子とは、たとえばプラスミドと呼ばれる環状の小さなＤＮＡのこと。これは物質ですが自己複製します。植物細胞で散見されるウイロイドというＲＮＡも自己複製が可能です。

そして第三が、生物（細胞）とはまったく違う方法によって、ウイルスが別個の存在と

図14：ウイルスの起源説①〜③

仮説①　細胞からウイルスへ

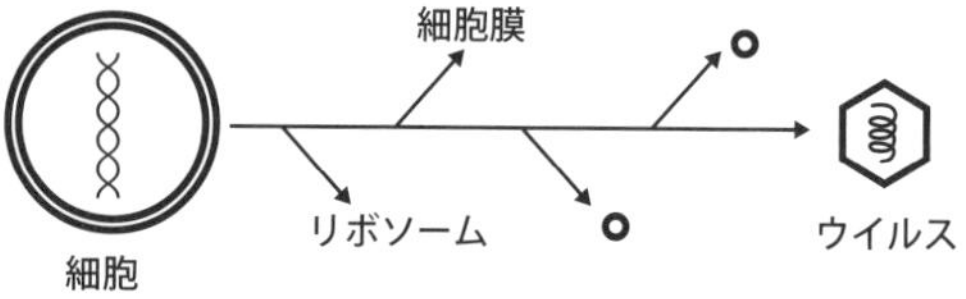

どんどんミニマリスト化したんだ♪

仮説②　細胞の一部がウイルスへ

仮説③　細胞とは無関係にウイルスができた

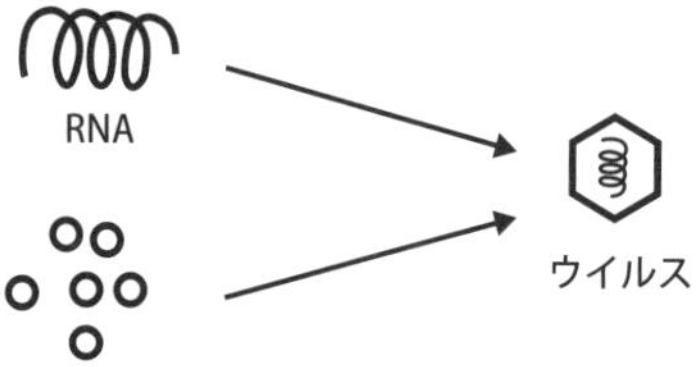

ではなぜ今は細胞がないと増殖できないのかね？

して生まれたとする説です。

現在までに見つかっているウイルスは、例外なく他の細胞性生物に感染しなくては増殖できません。そう考えると3つめの説にはムリがあるように思われ、多くの研究者は、1番めか2番めの説、なんらかの生物の細胞が元になったものだと考えています。すなわち、「生物よりもウイルスのほうが新しい」というのがオーソドックスな考え方です。

ところが、この常識が揺らぐ可能性もでてきました。きっかけになったのは、これまた巨大ウイルスでした。

最初の巨大ウイルス、「ミミウイルス」の発見

最初に報告された巨大ウイルスは、1992年、イギリスのブラッドフォードという町で見つかった「ミミウイルス」です。

当時、この町では流行性肺炎が蔓延《まんえん》しており、原因が調べられたことが発見のきっかけになりました。アメーバは細菌を捕まえて食べるので、病原性細菌を捕まえるのによく使

われる手法です。

このときもアメーバを使って病院の冷却塔の水を検査したところ、アメーバの中にミミウイルスがいたのです。

とはいえ、最初は、ウイルスではなくて細菌だと思われていました。アメーバの中に細菌がいることはとくに珍しいことでもありません。グラム染色法という細菌の分類方法により、グラム陽性菌の新種とされて「ブラッドフォード球菌」という命名までされました。

とにかく、ウイルスとしては巨大すぎました。光学顕微鏡で見つかったのですから、細菌であることを疑われなかったのでしょう。

ところが、ｒＲＮＡ（リボソームＲＮＡ）遺伝子を調べても見つかりません。ｒＲＮＡ遺伝子は、すべての生物が共通してもっていて、これを調べることで他の生物との進化的関係、どんな系統にあるのかがわかります。20世紀後半から、生物の分類によく使われている基本的な項目です。

ｒＲＮＡは細胞の中でタンパク質をつくるリボソームに欠かせません。**ｒＲＮＡ遺伝子**

図15：ミミウイルス

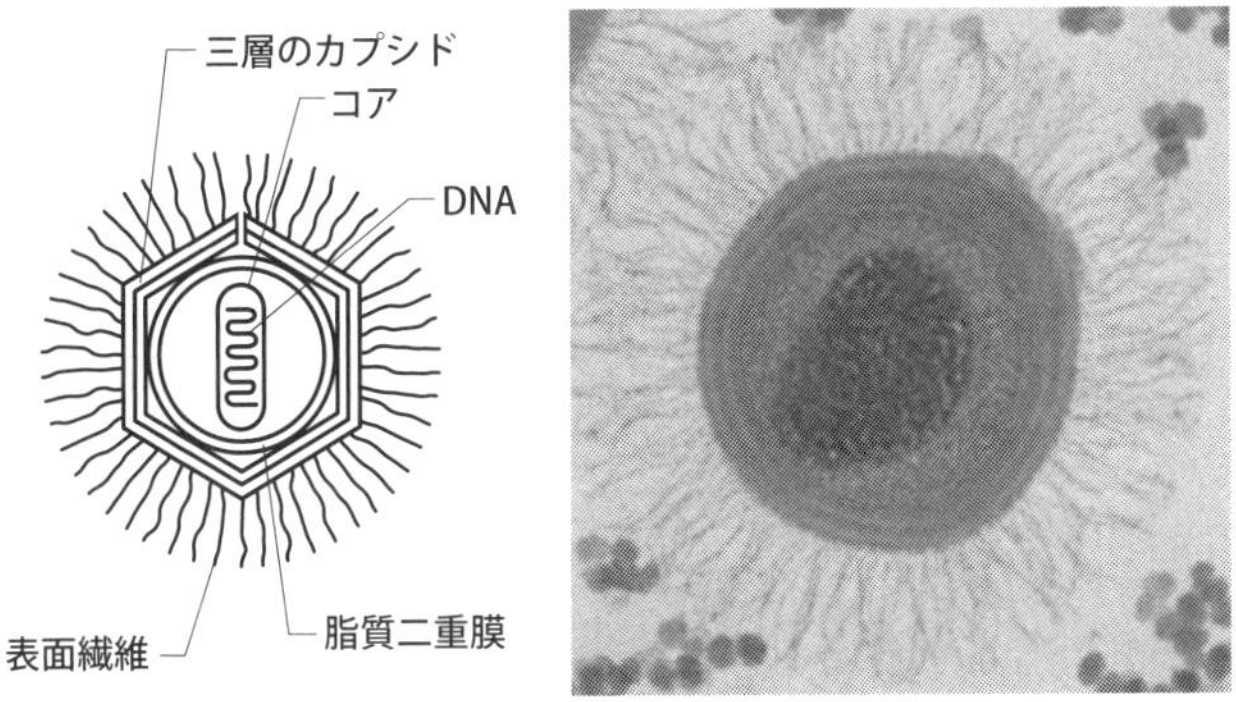

撮影：東京理科大学武村研究室

が存在しないとなるとリボソームがないことになり、**タンパク質が自分で合成できないことを意味します。**となると、これは現在の定義では生物には含まれないことになる。

いったいどんな細菌なのか、どんな細菌に近いのかなど、10年ほど不明のままでした。

結局、2003年になって、フランスの研究者が電子顕微鏡で詳細に調べて、それがじつは巨大なウイルスだったことが判明しました。正二十面体のカプシドから、四方八方にタンパク質でできた長いヒゲ状のものがびっしりと生えた姿をしていました。

カプシドの直径は約0・4マイクロメートル、〝ヒゲ〟を含めれば約0・75マイクロメートルもありました。小型の細菌、マイコプラズマの直径が約０・３マイクロメートルですから、**ウイルスとしてはありえない大きさ**です。

そんな〝巨大な粒子〟も、アメーバの細胞内でＤＮＡを放出すると消えてしまいます。**暗黒期という特徴をもっているところは、巨大であってもやはりウイルス**です。

ところで「ミミウイルス」という名前は、日本語ではなんだか可愛い感じがしますが、もともとは「細菌を真似ている（mimic《ミミック》）」という意味です。

「勝手に誤解したのは人間なのに『真似している』とはひどいじゃないか」と一言も文句をいわないのはウイルスのいいところです。

ウイルスと生物の違いは翻訳システムの有無

ミミウイルスはカプシドの中に遺伝子としてＤＮＡをもっていました。したがってＤＮＡウイルスの一種です。

先に説明したように、生物は「ＤＮＡ→ＲＮＡ→タンパク質」というセントラルドグマにしたがって、遺伝情報を元に自分でタンパク質をつくります。ＤＮＡウイルスといっても、この流れを完璧《かんぺき》に満たす遺伝子をもっているものはありません。

ウイルスは自分の遺伝子の中にタンパク質をつくるまでに必要な「複製」「転写」「翻訳」にかかわる遺伝子を部分的にしかもっていません。どうやって増殖しているのかというと、何度も述べてきたように、宿主の細胞内で必要な遺伝子を借用しているのです。

また、RNAウイルスは基本的に「翻訳」だけしかおこないませんので（転写をおこなうものもいますが）、以下、DNAウイルスを前提に話を進めましょう。

単純なウイルスでも「複製」用の遺伝子だけはもっているものが多くいます。複雑なウイルスになると、たとえば天然痘ウイルスの仲間のポックスウイルスのように、「複製」用に加えて「転写」用の遺伝子をもっているものもいます。

でも、**どんなに複雑なウイルスであっても「翻訳」用の遺伝子をもっているウイルスはいませんでした。「翻訳システムの有無」こそが、ウイルスと細胞性生物を分ける最大の壁だったのです。**

だからこそ、ウイルスは細胞の仕組みを利用していたわけで、リボソームなど細胞に備わっている機能を使わないと、「翻訳」までステップを進めてタンパク質がつくれません。

翻訳用遺伝子からリボソームまで、感染先の生物に依存してタンパク質を合成するのが通常のウイルスです。

ただ、見方を変えると、ウイルスはわざわざ自前の翻訳用遺伝子を準備しなくても、感染した細胞のものを使えばいい。余計なものはもたないミニマリストですから。したがって翻訳用遺伝子は存在する必要がなかったともいえます。

どんなに複雑なウイルスでも、翻訳用の遺伝子をもっているウイルスはいない——少なくとも、これまで見つかっているウイルスではそれが常識でした。

ミミウイルスは翻訳用遺伝子をもっていた！

あっと驚くことにミミウイルスは、翻訳用遺伝子をもっていました。

といっても必要なセットの一部であって、すべてをもっていたわけではないのですが、自前で翻訳用遺伝子をもっている。それだけでも、通常のウイルスに比べると格段に生物に近いことになります。

具体的には、ミミウイルスが「アミノアシルｔＲＮＡ合成酵素」遺伝子をもっていることが判明して、研究者がびっくり仰天《ぎょうてん》したのです。

いきなり難しそうな専門用語を出してしまいましたが、こういうことです。リボソームでの「翻訳」は、ｍＲＮＡの塩基配列情報に対して、適合するアミノ酸を運んできたｔＲＮＡがくっつくことで起こります。その際、「これが適合するよ。ほかは違うよ」という対応関係を示して、そのｔＲＮＡにアミノ酸を結合させているのが「アミノアシルｔＲＮＡ合成酵素」です。

いわば、翻訳に際しての通訳、あるいは覚えきれないパスワードを覚えているアシスタントのようなもの。タンパク質合成には欠かせません。

だから**「アミノアシルｔＲＮＡ合成酵素」遺伝子とは、この酵素をつくるための設計図**、ということになります。先のたとえなら通訳養成講座やパスワード暗記術、ということになりそうです。

通常の生物では翻訳に使われるアミノ酸は20種類あり、それぞれに対応するアミノアシルｔＲＮＡ合成酵素が必要です。つまりこの翻訳用遺伝子も20種類必要です。

ミミウイルスがもっていたのはこのうち4種類でしたが「すべてを宿主に頼るのが当たり前！」という通常のウイルスとはまるで違い、自立に向かって一歩踏み出しているかのようにも思えてきます。

進級にはあと20単位が必要というとき、教官にゴマをすって乗り切ろうという学生と、とにかく4単位は実力で頑張って取った学生の違い、のようなイメージでしょうか（これはこれで、ウイルスに文句をいわれそうな比喩《ひゆ》かもしれませんが）。

そして2018年、この遺伝子を20種類もつ巨大ウイルスがついに見つかりました。が、それはのちほどご紹介しましょう。

ウイルスなのに細菌の2倍のゲノム数

そもそもなぜ「巨大ウイルス」と呼ばれるのかといえば、ウイルスにはあるまじき大きさの粒子のためでした。もちろん人間からすれば、光学顕微鏡でなんとか見つけられる程度の極小サイズですが、細菌に近い（小型の細菌より大きいものもいる！）くらいの〝巨大さ〟です。

比較的大きめのインフルエンザウイルスを人間サイズだと考えると、「巨大ウイルス」は『進撃の巨人』に登場する3〜4メートルの「巨人」に相当します。インフルエンザウイルスは見上げて驚いたりはしないでしょうが、われわれウイルスの研究者にとっては驚愕《きょうがく》のサイズでした。

粒子も大きければ、ゲノムサイズも大きい。これも巨大ウイルスの特徴です。

ゲノムとはＤＮＡに含まれるすべての遺伝情報のこと。ＤＮＡは4種類の塩基が一列に並んだ細長い物質（実際の姿は2本が向かいあった二重らせん構造）なので、長さは塩基の数で表します。それがゲノムサイズです。

ミミウイルスは3層のカプシドからなり、カプシドの内部に、細胞と同様に脂質二重膜をもっています。その内側に、**１２０万塩基対《つい》にもおよぶゲノムのＤＮＡを格納していました。**

１２０万塩基対というゲノムサイズは、一人前の細胞性生物である細菌・マイコプラズマの58万塩基対のゆうに2倍です。

ちなみにマイコプラズマの直径は約０・３マイクロメートルですから、やはりミミウイルス（カプシドの直径約0・4マイクロメートル）のほうが大きいわけで、その昔「濾過性病原体」と呼ばれていたウイルスの仲間だとは、にわかには信じがたいサイズですよね。

ウイルスで100万塩基対を超えるゲノムサイズが見つかったのは、ミミウイルスが初めてでした。遺伝子の数も900を超えていました。そのなかには先述の「アミノアシルtRNA合成酵素遺伝子」も含まれています。この翻訳用遺伝子をもつことも、ミミウイルスが「ただのウイルスではないぞ」と雄弁に物語っているようなものです。

粒子が大きければゲノムも大きく、遺伝子の種類も多い。かくして「巨大ウイルス」という概念が誕生したわけです。

世界各地でぞくぞくと見つかる巨大ウイルス

2003年に「ミミウイルス」が報告されて以降、次々に新たな巨大ウイルスが見つかっています。**わたしも2015年に東京・荒川の水から、東アジアでは初となる巨大ウイルス「トーキョーウイルス」（図16、黒い六角形のもの）を発見しました**が、これは「マルセイユウイルス科」という別の巨大ウイルスです。

図16：トーキョーウイルス

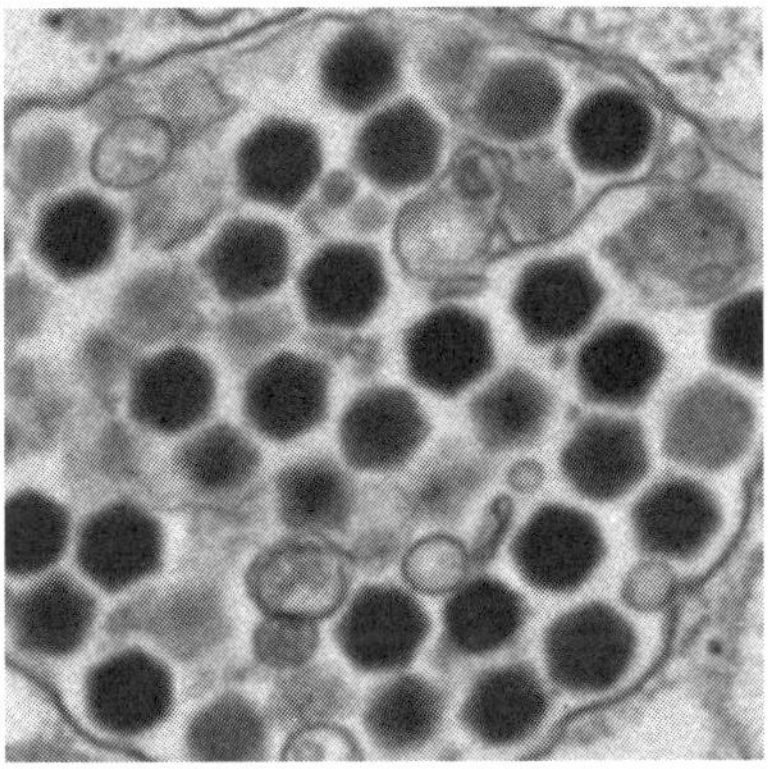

撮影：東京理科大学武村研究室

ほかに、長野県の北八ヶ岳にある白駒《しらこま》池と、東京の葛西《かさい》臨海公園の海の水からミミウイルスの仲間が見つかりました。世界各地から巨大ウイルスは100以上も見つかって「ミミウイルス科」を成しています。

2009年に発見された「マルセイユウイルス」は、正二十面体のカプシドの直径が200ナノメートル前後、ゲノムサイズが37万塩基対前後と、ミミウイルスに比べると小さなウイルスでしたが、ヒストン遺伝子（真核生物のDNAと結合している重要なタンパク質の設計図）を複数もっていました。

また、分子系統を解析していくと、ミミウイルスと同じく巨大ウイルスの一種であることがわかったのです。

2013年に発見された「パンドラウイルス」は、それまでに報告されていた巨大ウイルスの特徴をも逸脱《いつだつ》する、型破りのウイルスでした。

ミミウイルスやマルセイユウイルスは、通常のウイルスによく見られる正二十面体構造ですが、パンドラウイルスはいびつな楕円《だえん》形で、1マイクロメートルをゆうに超える大きさをもち、ゲノムサイズが250万塩基対、遺伝子数は2500を超えていたのです。**ミミウイルスの2倍以上という巨大さ**でした。

まだまだこれからの研究にかかっていますが、生物の根幹にかかわる秘密が見つかるかもしれません。ギリシャ神話に登場する「パンドラの箱」には、あらゆる悪と災《わざわ》いが入っていたそうですが、パンドラウイルスを開けると何がでてくるのでしょう？（病原性をもっているわけではないのでご安心ください）

その後も「ピソウイルス」や「モリウイルス」など、同じような形の巨大ウイルスが見つかっていますが、これらはお互いにまったく違う系統であると考えられています。

掟破りのRNAももっていた！

本体やゲノムの巨大さや、翻訳用遺伝子をもっていることに加えて、巨大ウイルスの粒子内からRNAが発見されたことも、ウイルス研究者を驚かせました。

というのも、現在のウイルス研究の基礎をつくったフランスの微生物学者、アンドレ・ルヴォフによるウイルスの定義に「核酸を1種類だけもつこと」というものがあったからです。

事実、**それまでのウイルスは、DNAウイルスはDNAのみ、RNAウイルスはRNAのみをもっていました。**まるでウイルスたちがルヴォフ先生の定義を律儀に守っているように思えるくらい、1種類だけもっていたのです。

ところが**巨大ウイルス（すべてDNAウイルスです）の粒子の中には、**DNAから転写されたmRNAと思われる**RNAがありました。**どうやら増殖して宿主細胞から飛び出すとき、自分がつくったmRNAを持ち出しているようなのです。

本来、タンパク質をつくってしまえば用ずみになるmRNAを、何のために持ち出すのかわかりません。ただ、飛び出したウイルス粒子の中にＲＮＡがあるという点だけでも、それまでのウイルスとは一線を画《かく》していることは間違いありません。

巨大ウイルスの祖先は「第4のドメイン」の生物？

先に、翻訳に使われるアミノ酸は20種類あり、ミミウイルスは対応するアミノアシルｔＲＮＡ合成酵素遺伝子を4種類もっていたと述べましたが、つぎつぎと見つかった巨大ウイルスのなかには、もっとたくさんもっているものがいました。

２０１１年に発見された「メガウイルス」は7種類、２０１７年に報告された論文にある「クロスニューウイルス」にいたっては、19種類のアミノアシルｔＲＮＡ合成酵素遺伝子をもっていたのです。

さらに２０１８年、「テュパン（ツパン）ウイルス」という、前方後円墳のような形をしたミミウイルスの仲間が見つかり、ついに20種類のアミノアシルｔＲＮＡ合成酵素遺伝子を揃えていることが明らかになりました。**生物のタンパク質を構成する20種類のアミノ酸すべてに対応できる体制が整っている**ことになります。

リボソームがないので自分自身ではタンパク質を合成できないものの、宿主にどのくらい依存しているのかという観点に立てば、自立度がかなり高いといえます。

20種類もの翻訳用遺伝子をもつテュパンウイルスは、現在のところ史上もっとも生物に近いウイルスだといえるかもしれません。現在、ウイルスと細胞性生物の境目が「翻訳システムの有無」であることを思えばなおさらです。

また20種類ももっていることから、祖先が独立した細胞であっても不思議ではなく、しかも現存する3つのドメインのいずれでもない「第4のドメイン」だった可能性すらあるのです。

と、ここでようやく「第4のドメイン」の話に戻ってきました。

巨大ウイルスのいろいろな分子を調べて系統関係を洗っていくと、巨大ウイルスは昔、生物だったのではないか、それも現在の「3ドメイン」のどこにも属さない生物だったのではないか、という考え方にたどり着くのです。

先の**パンドラウイルスがもっている2500超の遺伝子のうち、なんと93パーセントが、**

自然界に存在する既知の遺伝子とは、まったくつながりがないことも判明しています。

「第4のドメイン」は、おそらく真核生物とアーキアが分かれた後ぐらいに現れたのでしょう。巨大ウイルスが真核生物にしか感染しないことも真核生物が分かれた後で派生、分岐していったことを示唆《しさ》しています。

133ページの図11で示したように、アーキアと真核生物の真ん中あたりから、やや真核生物寄りに「第4のドメイン」が位置しているのは、そういうことなのです。

第6章

ウイルスはわれわれ生物の創造主!?

〜世界の見方が大転換

「進化」で「複雑化」するとはかぎらない

みなさんは「進化」というとどんなことを思い浮かべますか？

類人猿から猿人、原人、そして現生人類のホモ・サピエンスへと、次第に直立歩行するようになる絵だという人もいるでしょう。バクテリアのような最古の生命から、四方八方に分かれていく系統樹を思い起こすかもしれません。

ポケモンも進化して姿が変わりますし、「宇宙の進化」「社会の進化」「家電製品の進化」などという使われ方もします。

共通するイメージとしては「進歩して、前の段階よりも優れたものや複雑なものになっていくこと」といったところではないでしょうか。

たしかにこれも進化の一面です。ただし、生物の進化とは仕組みが複雑になっていくことだけとはかぎりません。簡単になっていくのも進化、つまり進化とは「変化していくこと」にほかなりません。**だから「退化」といわれるものだってじつは進化のひとつです。**

環境に合わせて変わっていけば、祖先がもっていた機能を失うことも普通にあります。

洞窟《どうくつ》に住む昆虫には目のないものもいます。動物園で人気者のペンギンは空を飛ぶ羽を失った代わりに水中を自在に泳ぐ能力をもっています。

つまり、生存に有利な方向に変わっていく。ライバルがいない環境が洞窟だったり、海中だったりしたから、その環境に合わせて変化してきたわけです。


どんどん小さくなったり、シンプルになったりしていくこともありえます。

大きな体より小さな体のほうが有利な状況は当然ある。みなさんもご存じのように、巨体化した恐竜が絶滅したのは、巨大隕石《いんせき》の衝突《しょうとつ》や火山の連続噴火で地球の環境が激変したためだといわれます。

食物連鎖が崩壊すると巨体は圧倒的に不利、生存も繁殖《はんしょく》もできなくなります。その後、地上に栄えたのは小さな体をもったネズミのような哺乳《ほにゅう》類でした。

遺伝子のことを考えても同じことがいえます。

複雑な生物ほどゲノムサイズが大きくなる傾向にありますが、大きければ大きいほど複製にも余分のエネルギーがかかるので不利になるとも考えられます。

となると、ミニマリストになるほうが有利、という選択肢《し》もありえます。**もともと細**

胞だった生物が余計なものを捨てていって、他者の細胞頼みで感染して生きていく、という形になるのも進化です。ゲノムサイズが小さいほうが複製効率が上がって、細胞に感染さえすれば大量に増殖できます。

　148ページ図14で紹介した、ウイルスの起源として、かつては細胞だったものが余計なものをどんどん削《そ》ぎ落としていって必要最小限になったとする説や、細胞の一部（自己複製因子）が飛び出したという説は、やはり一定の説得力をもっています。

巨大ウイルスは生物が進化した形？

　いま、生物進化について多くの学者が同意しているのは「遺伝子にでたらめに変化が起こって、その環境で有利だったものが結果として生き残った」という考え方です。

ただ、**突然変異のひとつひとつは、有利でも不利でもないものがほとんどであって、**それが遺伝的浮動によって集団内に偶然広まり、結果的に生存に有利となった生物が生き残ってきたと考えられています。

　これを「分子進化の中立説」といい、日本の遺伝学者・木村資生《きむらもとお》が1968年に発表して生物進化の研究に大変革をもたらしました。現代の分子系統解析によって、3ドメインの分子系統樹を書いていくのにも、この考え方が基礎になっています。

この考え方を適用すると「でたらめに変化するのなら、複雑化して有利だったものがいたかもしれない」という可能性もあります。とくに巨大ウイルスはすごく複雑ですから「生物の細胞に感染して、そこから遺伝子を盗むように取り込んでいって、自分のゲノムを大きくしていったのではないか」と考えることもできるでしょう。

進化していくと、いつかやがて生物になってくるかもしれません。そしてわたしは、そういう可能性もあるのではないかと思っているのです。

あるいは前章で述べたように、**巨大ウイルスとは**、細菌ともアーキアとも真核生物とも違う別のグループ、つまり**「第4のドメイン」の生き物が進化した姿**なのかもしれません。

もっとも「第4のドメイン」の生物については、研究者によっていっていることが微妙に違い、意見が完全に一致して一枚岩というわけではありません。

「巨大ウイルスの元になった生物が第4のドメインだ」

「今いる巨大ウイルス自体、生物に近いさまざまな遺伝子をもっているのだから第4のドメインの生物に入れてもいいんじゃないか」

など、さまざまな考えの人がいます。

現代は、生物の定義が、つぎつぎに発見される知見に合わなくなっている過渡期です。そもそも「第4のドメイン」自体、知らない人のほうが多いのではないでしょうか。マイナーな扱いなのでしばらくは教科書に載ることはなさそうです。

それでも巨大ウイルスの研究は、見方を変えれば最先端の、未知の発見が次々に出てきそうな刺激的な分野であることは間違いありません。

真核生物とウイルスは遺伝子をやりとりしてきた

巨大ウイルスのもっている遺伝子など特定の分子を、分子系統学的に解析《かいせき》すると、その分子がおよそどのくらい前にできたのか推測できます。

系統樹を書くことでも、ある程度わかります。そうやって真核生物のかなり根っこのところ、原核生物から分岐《ぶんき》したあたりまでさかのぼっていくと、**巨大ウイルスは何度も真**

核生物に感染をくり返したことが見えてきました。

生物と巨大ウイルスは、非常に近い遺伝子をいくつももっていました。解析していくと、その遺伝子がどのくらい前に、どちらからどちらへ移ったのか推測できます。これはお互いに遺伝子をやりとりしてきた可能性が高いことを示唆《しさ》しています。

つまり真核生物と巨大ウイルスは、お互いに進化し合っている関係だと考えられます。

ウイルスというと、細胞が感染によって乗っ取られ、ひたすら量産させられたあげく使い捨てられるような前提で研究が進められてきました。それが病原性ウイルスですね。細胞が一方的な被害者になってしまうウイルスです。

ところが、病原性をもたないウイルスもたくさんいる、むしろ圧倒的にたくさんいることがわかってきたのはかなり最近のことです。

かつてはある特定の微生物だけを取り出して培養《ばいよう》し、そこから遺伝情報の解析などがおこなわれていましたが、最近は、たとえば試料の海水から遺伝情報を一網打尽に解析する、「メタゲノミクス」という手法が使われるようになりました。その結果、未知のウイルスがつぎつぎと見つかっています。

第1章の冒頭でも述べたとおり、まさしくわたしたちは〝ウイルスの海〟の中にいたことが、この方法が広まることで鮮明になってきたのです！

19種類もの翻訳遺伝子、アミノアシルtRNA合成酵素遺伝子をもつ「クロスニューウイルス」も、そうやって見つかった巨大ウイルスでした。


さて、そんな病気を起こさないウイルスが何をしているかというと、やはり細胞の中に自分の遺伝子をまき散らし、量産工場にしています。でも、細胞を殺したり手ひどいダメージを与えたりすることはあまりないのではないかと思います。長い時間のなかで感染をくり返すうち、お互いの遺伝子に影響を与えあったことが遺伝子の解析からわかってきました。

〝影響〟といった曖昧《あいまい》な言葉にしてはいけませんね。

いまある生物はウイルスから恩恵を受けてきた可能性が高いのです。

たとえば哺乳類のなかに、わたしたちヒトも含む「有胎盤類《ゆうたいばん》」が現れたのはウイルスのおかげだったことが明らかになっています。

ヒトの胎盤ができたのはウイルスのおかげ

カンガルーやカモノハシなどを除いてほとんどの哺乳類は、発達した胎盤をもつ「有胎盤類」です。もちろん、わたしたちヒトも有胎盤類です。

胎盤は子宮の中で育っている胎児《たいじ》とへその緒でつながっている部分で、母体とのあいだの物質交換の場としてつくられる特殊な臓器です。分娩《ぶんべん》後、しばらくすると後産として出てくるのが役目を終えた胎盤です。

この胎盤が、進化の過程でどのように獲得《かくとく》されてきたのか、その秘密にウイルスが関わっていたようなのです。

鍵になるのが「シンシチン」と呼ばれる遺伝子でした。胎盤の胎児側の表面を覆う細胞に「シンシチウム細胞」という特殊な細胞があります。

母体の血液と胎児の血液が混じり合わないようにしているのと同時に、栄養などの物質交換と、酸素と二酸化炭素のガス交換をおこなっているのが、この「シンシチウム細胞」です。

図17：胎盤をつくる遺伝子の元はウイルスの遺伝子だった

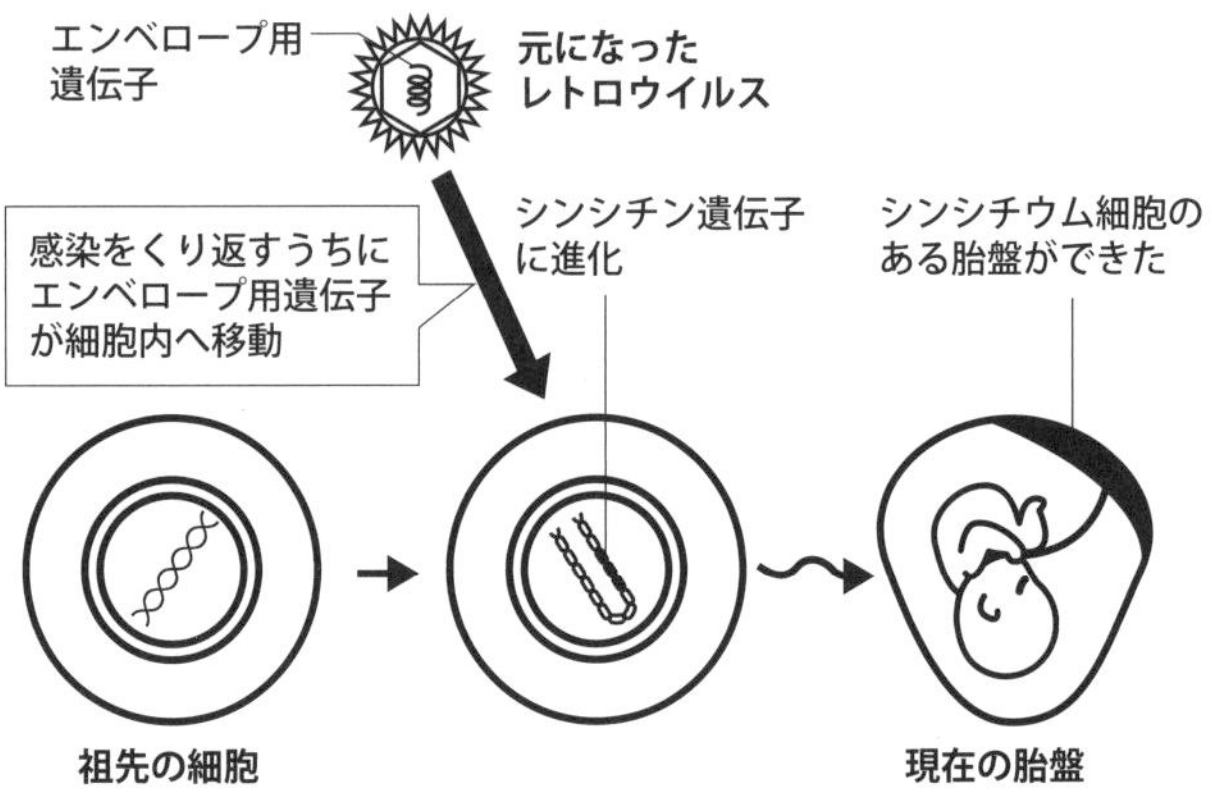

シンシチン遺伝子は、シンシチンタンパク質をつくってこのシンシチウム細胞を形成する役割をもっています。つまり、母親の体から生まれてくる哺乳類に、いまの繁栄をもたらした大事な遺伝子といって過言ではないでしょう。

驚くべきことにこのシンシチン遺伝子は、太古《たいこ》にウイルスの遺伝子だったという証拠が見つかりました。そのウイルスはカプシドを包むエンベロープをもっていたのですが、シンシチン遺伝子は、そのエンベロープを構成するタンパク質をつくる遺伝子だったのです。

シンシチン遺伝子の元になったウイルスは「レトロウイルス」でした。

113ページで説明したように、レトロウイルスはRNAをもっている「RNAウイルス」の一種で、感染した宿主の細胞の中で、逆転写酵素《ぎゃくてんしゃこうそ》を使って自分のRNAからDNAを合成、それを細胞のDNAの中に組み込んでしまいます。

エイズの原因であるHIVが、このレトロウイルスでしたね。HIVの場合、ヘルパーT細胞の表面にあるCD4というタンパク質に吸着して侵入、逆転写酵素を使って自分のRNAから合成したDNAを、ヘルパーT細胞のDNAに組み込むというとんでもない(しかもろくでもない)ことをしでかします。

免疫システムの司令塔であるヘルパーT細胞が機能しなくなり、さらに食細胞のマクロファージも侵《おか》されて免疫システムが弱体化、やがて崩壊していく病気がエイズでした。

とはいえレトロウイルスが、すべて病原体というわけではありません。

シンシチン遺伝子をもたらしたウイルスも、致命的な害を与えることはなかったのでしょう。もちろん突然、シンシチウム細胞がつくられるようになったわけではなく、ただ感染しているだけという時間が長かったはずです。

実害を与えることなく、**ウイルスが宿主のDNAに組み込まれて長い長い進化的時間**

を経るあいだに、レトロウイルス由来の塩基配列が徐々にその姿を変えていった結果、シンシチウム細胞がつくられるようになったのでしょう。

いうまでもないことですが、シンシチウム細胞だけでは胎盤にはなりません。

つまりシンシチン遺伝子だけが、胎盤の形成に寄与《きよ》したのではなく、ほかにもいくつかの遺伝子が「レトロウイルス的なもの」から進化して、重要な役割をもつようになったことが明らかにされています。

ヒトゲノムの半分以上はウイルス由来？

「レトロウイルス的なもの」とは何でしょう？

それこそが、かつてわたしたちの祖先がレトロウイルスに感染した証拠、**ウイルス由来の塩基配列のことで「レトロトランスポゾン」**と呼ばれています。

２００３年にヒトゲノム（ヒトのＤＮＡ塩基配列）が解読されました。約30億という膨《ぼう》大《だい》な塩基対《つい》を読み取って、どこにどんな遺伝情報があるのか、十数年がかりの国際プロジェクトで解き明かされたのです。

その結果、なんと**ヒトゲノム全体の半分以上がウイルスに由来するのではないかと考えられる塩基配列である**ことが判明しました。

ウイルス由来と考えられる塩基配列には2種類あって、レトロウイルスが逆転写して押し込んだのではないかとされるDNA由来の配列が「レトロトランスポゾン」、DNAウイルスがヒトゲノムの中に残したのではないかとされる配列が「DNAトランスポゾン」です。

ヒトゲノムに、DNAトランスポゾンはたくさん組み込まれていますが、哺乳類が誕生したあたりから劇的に増えているのがレトロトランスポゾンです。

およそ2500万年前、なにがしかのレトロウイルスが哺乳類のあるグループに、それも生殖《せいしょく》細胞に感染したのです。結果、そのグループは「有胎盤類」の祖先になりました。

つまり、**ネコもネズミも、イヌもクマもゾウもキリンも……きりがないので例示はやめますがもちろんヒトも、この〝レトロウイルス感染グループ〟の子孫なのです。**

その証拠に、レトロトランスポゾンがヒトのDNAにもきちんと残っていました。

「Alu」というレトロトランスポゾンが「ある」。というのは、この分野では一度は聞かなくてはいけない（？）お約束の駄洒落《だじゃれ》です。

そんな冗談はともかくとして、「Ａｌｕ」はヒトが属する霊長類の進化に大きく関わったようです。霊長類のゲノム中の「Ａｌｕ」の数は、他の哺乳類に比べて極端に多いことが知られ、ヒトの場合なんと１２０万コピーもあります。

「わたしたちが胎盤をもつ哺乳類になれて、地球上に繁栄できたのは、祖先が感染したあのレトロウイルスのおかげだった」

思いきり端《は》折《しょ》ると、そんなこともいえるでしょう。

もっとも、ヒトゲノムの半分以上がウイルス由来だというのなら、ヒトは「雑多なウイルスの遺伝子の寄せ集め」ともいえるわけですが。

ウイルスは種をまたぐ遺伝子の運び屋？

通常、遺伝子は親から子へと同じ種のなかで伝わるものですが、まったく無関係の、**他の生物種へ遺伝子が移動する「水平移動（水平伝播《でんぱ》）」**という現象が知られています。これは生物進化の原動力のひとつであり、どうやらウイルスが関与しているようです。

たとえば、ウイルスと生物の両方の遺伝子で、塩基配列がそっくりな部分が存在するという事実がいくつもあります。このことから、あるウイルスから生物に遺伝子が移動したり、反対にある生物からウイルスに遺伝子が移動したり、ウイルスが異なる生物種のあいだを渡り歩くうち、遺伝子を運んだと推察されます。

ウイルスはそれぞれ特定の細胞にだけ感染するものですが、目印にしているタンパク質が同じとか似ているといった場合、あるいはウイルスの〝選球眼〟が甘くなってしまった場合など、本来の宿主《しゅくしゅ》ではない細胞に感染することがあります。

冬になるたび流行するインフルエンザは、カモ類など水鳥の腸内にいるインフルエンザウイルスが、ヒトに感染するようになった病気でしたね。

鳥類とヒトはまるで別の生物種ですから、本来ならウイルスは感染しないはず。それなのに、種《しゅ》を超えて感染が起きているという実例です。かつては植物に感染していたウイルスが、動物に感染するようになった事例すらあるのです。

異なる生物種への水平移動にウイルスが関与している可能性は高く、結果として、生物進化にウイルスが関係していることは間違いないでしょう。今後もその証拠となる研究報告がいろいろ出てくると思われます。

ウイルスは必ずしも細胞の敵ではありません。何億年という時間軸のなかでは、細胞と蜜月《みつげつ》だったことを示す痕跡《こんせき》も見つかっているのですから。

「巨大ウイルスは細菌の祖先」仮説が出てきた

ここでもう一度、ウイルスと生物はどちらが先だったのか、考えてみたいと思います。

たしかに「ウイルスは細胞がないと増殖できないから生物が先」という考え方が主流ではあるのですが、巨大ウイルスの研究が進むうちに「ウイルスが先だった」というシナリオ」にも、可能性がふくらんでいます。

２００６年に、**「細菌やアーキアの祖先は巨大ウイルス（の祖先）だったかもしれない」**という考え方がＮＩＨ（アメリカ国立衛生研究所）の研究グループから示されました。彼らは、巨大ウイルスのゲノムを解析して進化の過程を示すとともに、生物の進化について大胆《だいたん》な仮説を発表しています。

簡単に述べると、自己複製因子のようなＤＮＡのかけらと、それを包み込む膜《まく》（脂質二重膜）、そしてそれを保護するカプシドという形のものがまずできて、**この膜がやがて**

「細胞膜」へ、カプシドが「細胞壁」へと進化して、地球最初の細胞となる原核生物が誕生した、という考え方です。

「巨大ウイルス」と明言はしていないのですが、巨大ウイルスの原型のような概念を想定していて、論文にはそれをにおわす図版や言い回しが出てきます。

「ウイルスが先」説で有力な状況証拠は、ウイルスのほうが構造が単純だから、ということです。

近年の研究では、「DNAレプリコン」と呼ばれる自己複製する最小単位（147ページに出てきたプラスミド＝環状の小さなDNAなど）が想定されていて、これがタンパク質の殻《から》をまとえばウイルスができてしまいます。レプリコンとはウイルスよりも単純な構造をしていたと想定されるDNAもしくはRNAのこと。

タンパク質は細胞内のリボソームでないとつくれないから、細胞以前にウイルスがいるはずがない、と通常は考えるのですが、いまとは異なる仕組み（たとえば地質中で鉱物イオンが触媒《しょくばい》として働くような方法）で、ウイルスの祖先は、タンパク質の殻をつくりだしたかもしれません。

こうした考えの延長線上で巨大ウイルスをとらえると、従来の〝常識〟がひっくり返る可能性すら出てきます。すなわち「なにが生物か」「どこから生物か」という根本を問い直すことになってくるのです。

全生物と巨大ウイルスの共通祖先は「DNAレプリコン」か

巨大ウイルスを踏まえた「ウイルスが先」仮説では、すべての生物と巨大ウイルスの祖先を、**DNAレプリコン（巨大ウイルスの原型）**としています（図18）。

その最大の根拠が、DNAを複製するための遺伝子の特徴にあります。

巨大ウイルスがもっているDNAポリメラーゼ、プライマーゼといった酵素、DNAポリメラーゼをDNAにつなぎとめておくためのタンパク質などの分子系統を調べると、3ドメインの生物であるアーキアや真核生物の系列とも、細菌の系統とも異なることがわかってきました。

つまり、細胞性生物の誕生以前には、さまざまな系統のDNA複製システムが存在したのでしょう。

図18：DNAレプリコンは生物と巨大ウイルスの共通祖先

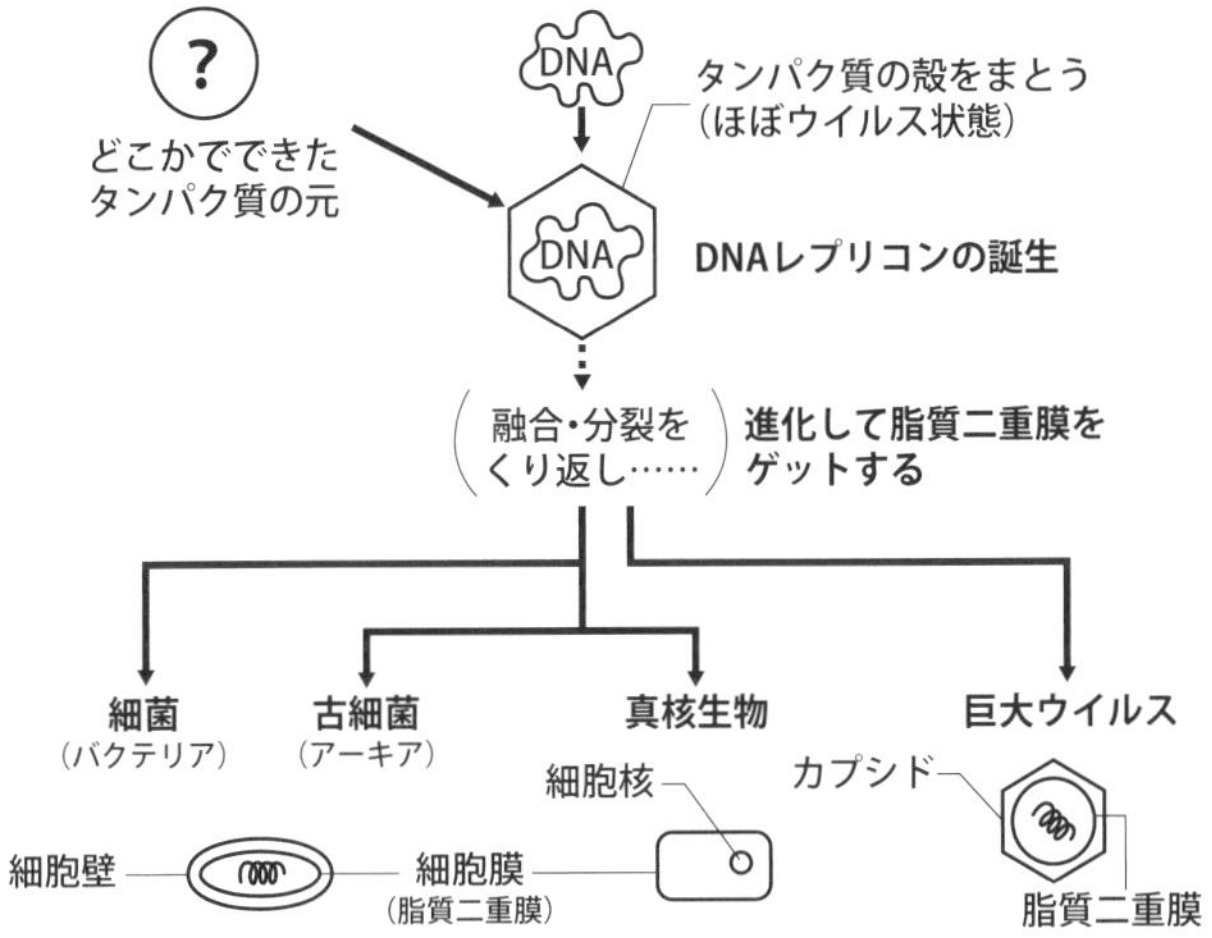

そこで、まずシンプルなウイルス（DNAレプリコン）が登場したということもいえそうです。そしてあるものはアーキアに、あるものは細菌に、そしてあるものは巨大ウイルスに進化していったと考えることが可能です。

現在のウイルスが細胞なしでは増殖できないでいることも、以下のように考えると、説明できそうです。

つまりアーキアも細菌も、そして巨大ウイルスも、このDNAレプリコンから進化したとすると、DNAを包み込んでいる膜を進化させた時点で、お互いの融合や分裂《ぶんれつ》は当然のように起こったと考えられます。脂質二重膜でできている袋同士は、くっつくと融合して大きな袋になったり、逆に大きな袋は分裂したりする特徴があるからです。

そうした膜をもつDNAレプリコン同士が、融合したり分裂したりをくり返すうち、あるものは自立性を高めて細胞性生物へと進化し、あるものは細胞性生物への依存性を高めていった、というシナリオが考えられるのです。

ここで注目したいのは「DNAレプリコン」という基本ユニットです。巨大ウイルスの原型である「DNAレプリコン」を、〝生物の基本単位〟と見なせるかもしれないからです。現在のところ、生物の基本単位は細胞です。細胞1つ1つは生きており、細胞でできているものが「生物」という定義です。

一方、「DNAレプリコン」は、明らかに核酸の一種ですから「物質」です。でも、ウイルス的な特徴そのものを、「生きている」と見なすことも可能です。

わたしの仮説「巨大ウイルスの祖先が生物の細胞核をつくった」

原核生物（アーキア）から真核生物へと進化したのは、だいたい20～30億年前とされています。単細胞生物の原核生物しかいなかった地球に、多細胞生物が現れたのは、細胞が複雑化してさまざまな機能をもつ真核生物へと進化して以降のことでした。

細胞核をもたない原核生物に対して、遺伝子を収納した細胞核や小胞体《しょうほうたい》など膜に包まれた器官をもっているのが真核生物です。

真核生物だけがもつ細胞核の起源は、じつはまだ定説がありません。そこでわたしが提唱しているのは「巨大ウイルスの祖先が生物の細胞核をつくった」という仮説です。

よく真核生物の誕生に関して、細胞小器官のミトコンドリアと葉緑体のことがでてきます。つまり「呼吸を引き受けているミトコンドリアは好気性細菌が、光合成を引き受けている葉緑体はシアノバクテリアが、それぞれ細胞内で共生した結果できた」という共生説ですね。これらの細胞小器官が二重膜で包まれていることと、核内にもっているDNAとは異なるDNAをもっている、といった根拠から、共生説は広く認められています。

1行でまとめると「ミトコンドリアと葉緑体は、呼吸や光合成をする機能をもった別々の細胞が入って、共生して進化した」ということですね。

これに対して、細胞核はいろいろと複雑です。膜の中にDNAをおさめてあり、さまざまな酵素が働いて、複製や転写も起こっています。生命を維持し、つないでいる重要な細胞の司令塔ともいえる部分です。

細胞核の成立については「細胞膜が内側に入り込んでDNAを取り巻いた」とされていて、わたしもそう思います。ただ「何のきっかけで、細胞膜が内側に入り込んでDNAを取り巻くことになったのか」という部分がありません。

わたしは「そのきっかけをつくったのはウイルスだった」と考えています。

それを発表したのが、「真核生物の細胞核がウイルスによってもたらされた」という、第3章でも触れた2001年の論文でした。

このときはまだ巨大ウイルスは発見されていません。

DNA複製に関わっているDNAポリメラーゼという酵素の塩基配列を、さまざまな原核生物、真核生物、さらには多くのウイルスまで比較したところ、ポックスウイルスという大型のDNAウイルスが、真核生物にもっとも近かったことから、「分子進化の系統樹から推測してそう考えられる」と論じたのです。

〝ウイルス工場〟の膜が細胞核の膜へ進化した？

その後、巨大ウイルス（ミミウイルス）が見つかって、ポックスウイルスと同じ「NCLDV（核細胞質性大型DNAウイルス）」のグループに分類されました。

このNCLDVは比較的大型のDNAウイルスで、二重らせんのDNAをもつタイプです（みなさんも思い浮かべるとおり「DNAといえば2本鎖」ですが、DNAウイルスには1本鎖DNAのものもいます）。

彼らの多くは宿主細胞の細胞質で〝ウイルス工場〟をつくるという特徴があり、それが細胞核をつくるきっかけになったのではないか――。そう考えられる手がかりがいくつも出てきています。

図19：ウイルスがきっかけで細胞核の膜ができた説

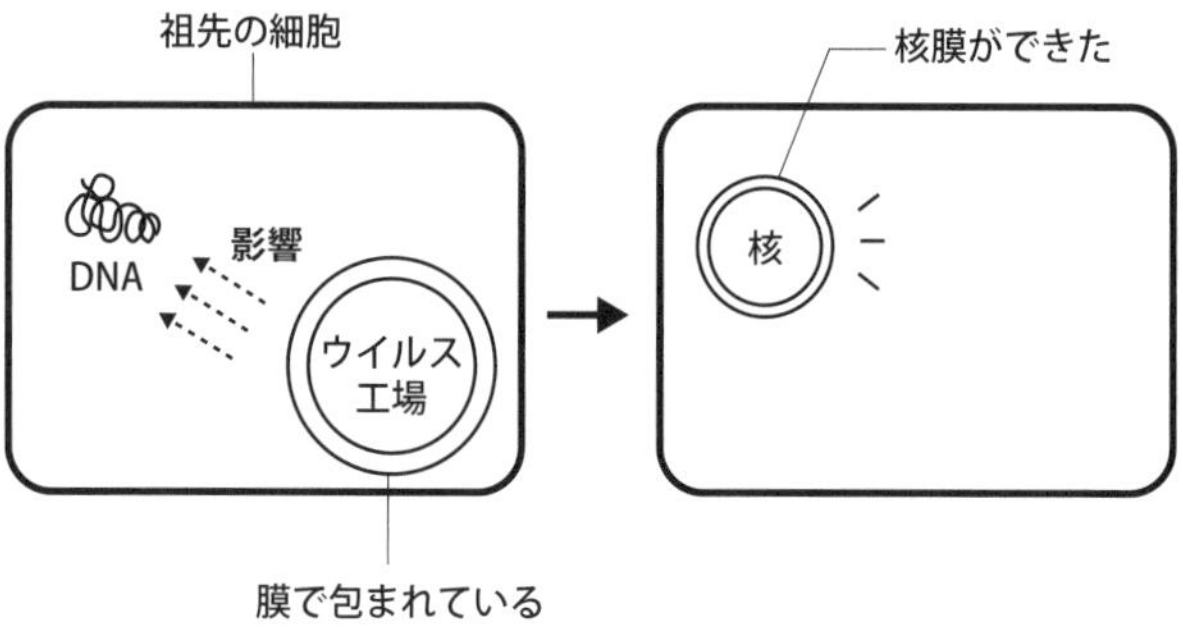

巨大ウイルスなどのＮＣＬＤＶが細胞に感染した場合、とくに注目されるのが細胞質の中（つまり細胞膜の内側で核以外の部分）に〝ウイルス工場〟が確保される点です。

〝工場〟とは、だれしも描くイメージどおりの生産工場です。つまりＤＮＡを複製し、タンパク質をつくって組み立てて量産型ウイルスをじゃんじゃん生産する。そんな一連の作業をする場所ですね。

ＮＣＬＤＶの仲間には、宿主の細胞質に工場スペースを確保するものが多いのですが、なかには膜で包んで細胞核とそっくりな〝ウイルス工場〟をつくるウイルスがいることが知られており、ポックスウイルスもそんな膜構造をつくることが報告されています。

これは細胞にとっては非常に大きな構造変化です。その過程では複雑な反応が起こって細胞内がダイナミックに動きます。〝ウイルス工場〟の膜構造がきっかけとなって、核膜（細胞核の膜）へと進化していったとも考えられます（図19）。

そこでいま、わたしはこう考えています。巨大ウイルスの仲間が、わたしたちの祖先の細胞に感染をくり返すうち、〝ウイルス工場〟の膜が常態化して核膜がつくられていったのではないか。

核膜の中にＤＮＡを収納した細胞が、長い時間がたつあいだの環境変化にも有利で生き抜いたのでしょう。そんな可能性が高くなる状況証拠が揃ってきています。

生物とウイルスは本当はつながっているのでは？

生物は、数十億年という長い時間をかけて少しずつ、ほんの少しずつ進化してきました。ある日突然、「物質」が「生物」になったのではないでしょう。これに同意しない研究者はまずいません。

それなのに生物学者たちは、いま、地球上に存在しているさまざまな生物とウイルスのあいだに、どうして明確な境界を設定しているのでしょうか。

生物は連続的に少しずつ変わっていく性質（漸進性《ぜんしんせい》）をもっています。それを無視してずっとウイルスは「非生物」とされてきました。

ところが、21世紀に入ってからその存在が発見された**巨大ウイルスは、進化の漸進性を体現するもの**でした。

翻訳用遺伝子までもっているようなウイルスはどう位置づければいいのか、従来の考え方では整合性がなくなってしまいます。**生物とウイルスの境目を決めておくこと自体、発見された現実にそぐわなくなっている**のですから。

そもそも「生きている」とはどういうことなのか、という根源のところから考え直す必要がありそうです。

未知のことだらけで、探れば探るほど疑問がわいてきます。

巨大ウイルスが発見されたのは、「病気を起こす厄介《やっかい》な存在」とだけとらえられていたウイルスによる、人間の知恵への挑戦なのかもしれません。

それこそ何が出てくるかわからない、暗闇の向こうに潜《ひそ》んでいる妖怪を探しているようなものです。何か新しい発見をきっかけに、「動いていたのは地球だった！」みたいなコペルニクス的転回が起こる可能性さえあると思います。

19世紀半ばまでは、「なぜ地球上にこんなにいろいろな生物がいるのか」という疑問に対して、「神が創造したのである」の一言で片づけられていました。それをチャールズ・ダーウィンが『種の起源』で生物進化が起こることを説いて、世界が一変しました。

いまは、**巨大ウイルスの発見によって、新しい『種の起源』が生まれようとしている前夜**であり、同時代のみなさんもそれに立ち会っているのです。

ウイルスの真の姿は「粒子」か「量産工場」か

「本当のわたしになれる仕事をしたい」「これは本当のわたしじゃない」などと、現代人はときどき〝自分探し〟をすることがあります。

ウイルスは自分では悩みませんが、われわれ研究者をときどき**「ウイルスの本当の姿とはなんだろう」**と思考の迷路に誘い込んでしまうのです。

たとえばレトロウイルス（ＲＮＡウイルス）は、細胞の外にいるときはウイルスの粒子として存在しています。宿主の細胞に感染し、自分のＲＮＡを逆転写してＤＮＡをつくったりタンパク質を合成したりしている状態もあれば、プロウイルスの形で宿主細胞のゲノムの中に入り込んで、じっとしている状態もあります。

感染直後は、消えてなくなる暗黒期まであります。こうしたときは粒子として存在しているわけではなくて、細胞の中に〝溶け込んだ状態〟に見えます。

そうして新たに量産されたウイルスが工場内に並んできて、次世代のウイルスとして初めて姿を見せるのです。

いったいどれがウイルスの本当の姿なんだろう？

これと似たものを探していくと、わたしたち多細胞生物における「個体」と「生殖細胞」の関係があります。「宿主の細胞に感染して増殖しつつある状態のウイルス」と個々の「ウイルス粒子」に対応できそうです（図20）。

生殖細胞（卵、精子）は、世代交代（遺伝）を実現するために、多くの体細胞からなる個体（ヒト）をつくります。

図20：精子とウイルス粒子はよく似ている!?

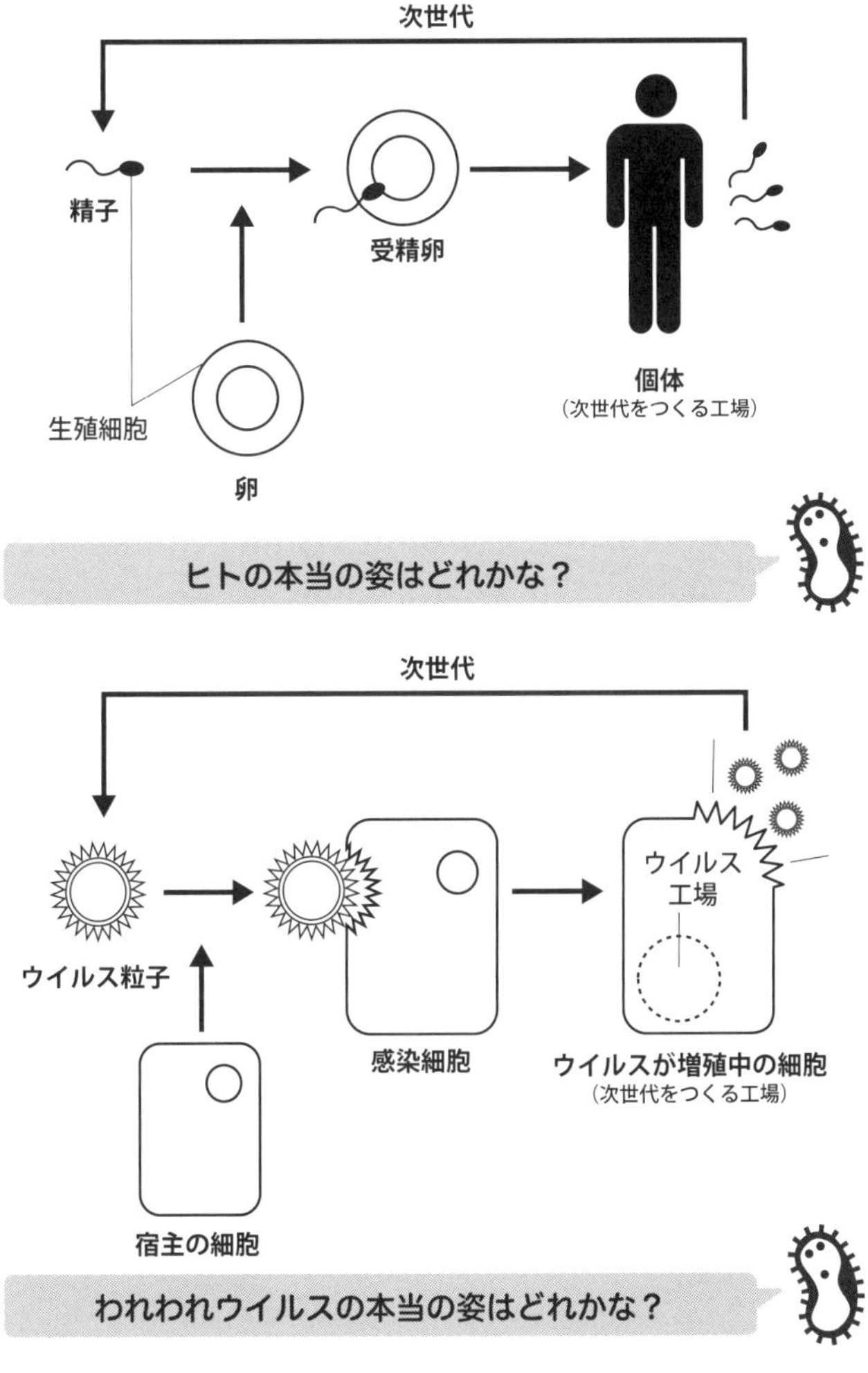

生殖細胞から見れば、個体は次世代の生殖細胞をつくるための〝工場〟ということになります。これはウイルスの粒子が、生物の細胞を宿主として増殖のための〝工場〟にするのと同じ構図ですね。

もちろんこれは比喩《ひゆ》です。しかし「どれがウイルスの本当の姿なのか」と問うことは、「どれがわたしたち多細胞生物の本当の姿なのか」と問うことと同じだと、みなさんも気づかれたのではないでしょうか。

「ウイルスに感染した細胞」こそがウイルス！

わたしたち多細胞生物の世代交代は、生殖細胞によっておこなわれます。興味深いことに、生殖細胞は精子も卵も単細胞ですから、単細胞生物だったことの仕事をそのまま受け継いでいます。それ以外の（ヒトの場合）60兆とも37兆ともいわれる体細胞は、生殖細胞の保護とか生殖細胞同士の効率のいい受精のために編み出された構造体、とみなすこともできるでしょう。

いま、わたしたちが「個人」というと、膨大な体細胞からできあがった「個体」を指していることはいうまでもありません。普通、生身の体をもっているのが「本当のわたし」であって、精子や卵ではないですからね。

これをウイルスにあてはめると、**宿主の細胞に感染して増殖しつつあるウイルス工場の状態こそ、「ウイルスの本当の姿」**ということになってきます。

だから、電子顕微鏡写真でわたしたちが見るようなウイルスの粒子は「ウイルスの本当の姿」ではない、と主張している研究者もいます。

ウイルスは、細胞をもたないことや自分では増殖できないことから、生物の仲間に入れてもらえません。しかしフランス人の微生物学者、パトリック・フォルテールは「これはウイルス粒子を見ていたからではないのか」と疑問を投げかけました。

「不活性なウイルス粒子を本体と考えるから、生きていないという説が支配的になった」という前置きのうえで、フォルテールは、「ウイルス工場は『ウイルスをつくる工場』ではなく『ウイルス粒子』をつくる工場と読み直すべきなのだ」と主張します。

これを言い換えると「ウイルスの本体はウイルス粒子ではなくて、〝ウイルス粒子をつ

図21：ウイルスの本体は「ウイルスに感染した細胞」である（ヴァイロセル仮説）

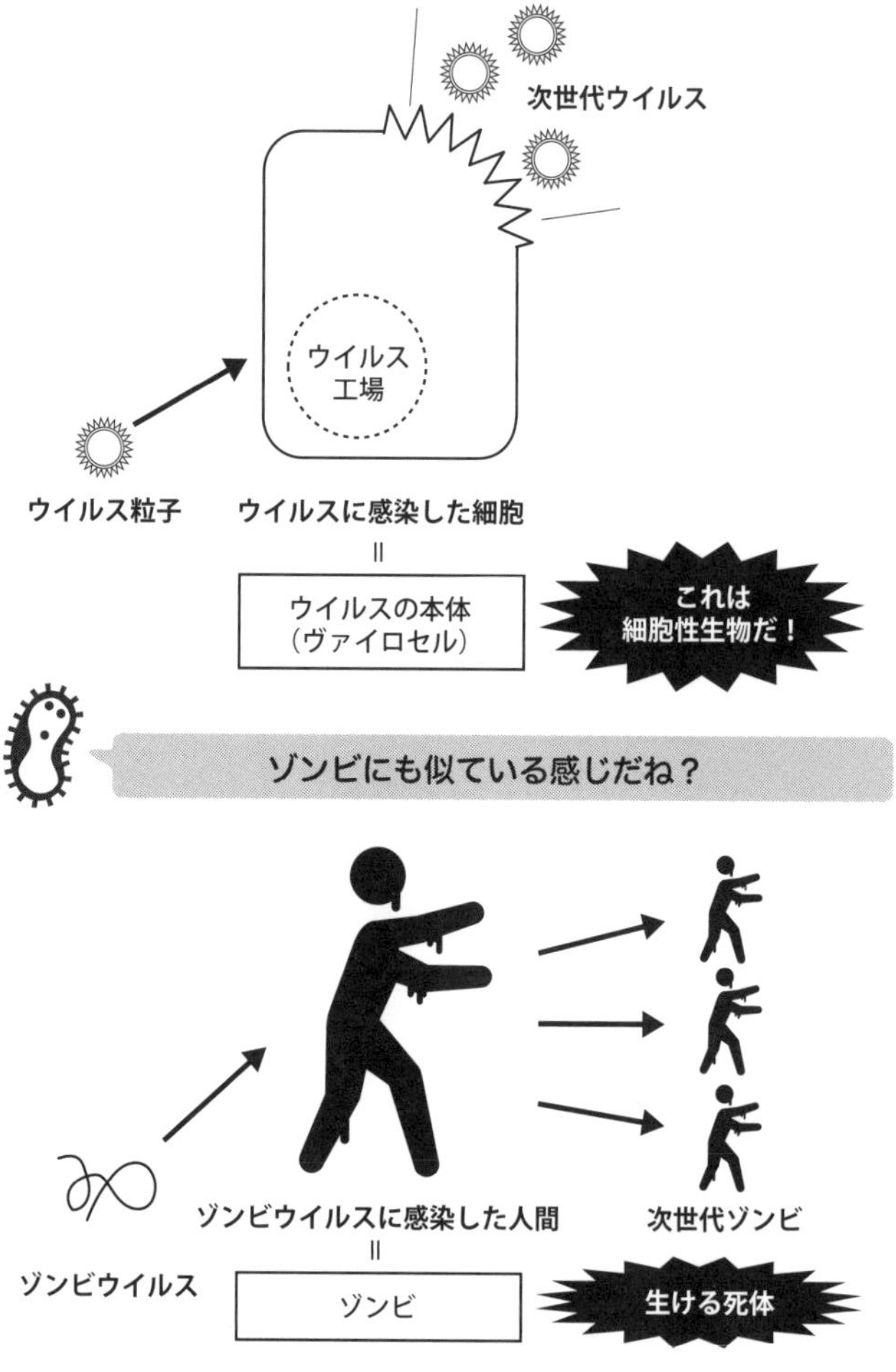

くるもの〟こそウイルスなんだ」ということ。

つまり、**ウイルスの本当の姿とは「ウイルスに感染した細胞」**なのです。

ウイルスに感染すると、それまでの細胞とは違って、ウイルスが命じるままにタンパク質をつくるようになります。フォルテールは、この状態を**「ヴァイロセル」と呼び、「これはひとつの細胞性生物である」と述べています**（図21）。

ヴァイロセルは「ウイルスに感染した細胞」というより、「細胞をもった、れっきとした生物」と考える、ということ。

ヴァイロセル仮説は、いまはまだアナロジー（たとえ話）のひとつにすぎないのですが、とても独創的で示唆に富んでいます。

「生きている」とはどういうことか、従来の考え方が絶対というわけではありません。わたしたち人間が解き明かしてきたことは、世界のある一片を切り取ったにすぎず、実際はもっとずっと複雑です。

ゾンビとウイルス、すぐそこにある異界

ウイルスが命じるままにタンパク質をつくるようになった細胞を、ある種の「細胞性生物」なのだととらえると、脳裏に浮かぶのはホラー映画に出てくるゾンビです。

ゾンビとは、なんらかの理由で（映画のなかでは呪術《じゅじゅつ》だったり一種の病原性ウイルスだったりしますが）、動き回るようになった〝生ける死体〟〝蘇生死体〟です。そしてゾンビによって傷つけられたり、殺されたりした人間もゾンビになる。そうやって、どんどん仲間を増やしていきます。

感染によって、別の生物の細胞をコントロールの下に置いて次世代をつくる**ウイルスは、人間をのっとることで仲間を増やしていくゾンビ的な行動をしている**といえそうです。

ウイルス粒子を放出し、生物の細胞をのっとって〝生物〟の完成形となり、次世代をつくるためウイルスを量産し、ふたたび粒子を放出する――。

ヴァイロセル仮説は、いままで信じていた生命観を揺るがすものです。生ける死体＝ゾンビのように、平穏無事な日常をひっくり返すようなインパクトをもたらします。

余談ですが、ゾンビはなぜか結構人気があり、パニックもの、学園もの、戦争ものと、さまざまなタイプのゾンビ映画がつくられつづけています。主人公のゾンビが人間に恋する恋愛映画もあり、『ゾゾゾ ゾンビーくん』というマンガまであります。〝生ける死体〟という常識を超えた存在や、何でもありの世界がわたしたちを魅了するのでしょうか。

ウイルスは、われわれの世界の隣り合わせにあるもうひとつの世界、パラレルワールドのような存在です。

生物とは違った概念で増えていく、すぐそこにある異界です。増えていく仕組みは同じだけれども、まったく隔絶したルールのなかで存在しています。

パラレルワールドであるウイルスの世界が、わたしたちの世界とは隔絶している根拠に、ウイルスは共通祖先をもたないことが挙げられます。

わたしたちヒトも、植物もカビも大腸菌も、進化の道筋をさかのぼっていくと、たった1つの祖先にたどり着くと考えられています。その共通祖先から、数十億年かかってさまざまな種類の生物に進化したわけです。

なぜそんなことがわかるのかといえば、遺伝子としてDNAをもっていること、セントラルドグマという仕組みをもつこと、細胞を基本構造にしていることなど、すべての生物が共通してもっている性質があるからです。

一方、ウイルスには共通祖先がありません（少なくともいままではそう考えられてきました）。ＤＮＡウイルスとＲＮＡウイルスがいて、ゲノムとして使う物質が異なること自体、共通祖先がいないことを意味しています。

しかし、**生物もウイルスもふくめた共通祖先が、ＤＮＡレプリコン（巨大ウイルスの原型）**だったのではないかという説を紹介したように、いまやウイルスと生物を分けて議論することは現実的ではなくなっています。

生物はウイルス複製のための存在⁉

ＤＮＡはもともとＲＮＡから進化したものとされ、現在の「ＤＮＡワールド」の前には「ＲＮＡワールド」が存在し、ＲＮＡが生命現象を司《つかさど》っていたと考えられています。

ということは、ＤＮＡレプリコンは、それ以前に存在していた「ＲＮＡレプリコン」から進化したと考えることができます。

ではRNAからDNAへの進化はどこで起こったのか、という謎があります。これにはヴァイロセル仮説を援用した、とても興味深い説が提唱されています。

その説によると、地球上にまずRNAレプリコンが生まれ、そのうちの一部がRNAをゲノムとする細胞性生物（細菌やアーキア）へと進化します。このRNAワールドでは、RNAをゲノムとする細胞性生物にRNAウイルスが感染することになるので、**生物はウイルスのRNAを切断するような防御機構をそなえたはずです。**

おそらく細胞性生物は、ウイルスの遺伝子を自らのゲノムに取り込んで、ウイルスに対抗する免疫の仕組みを開発したのでしょう。

一方、ウイルス目線で考えると、対策を打たれてしまったのでさらに対抗する仕組みが必要だとなり、**RNAよりも切断されにくく安定した物質であるDNAを「開発」したと考えられます。**

ウイルスが開発した新素材であるDNAは宿主との相互作用をくり返すうち、水平移動でやがて宿主のゲノムにも採用されるようになって、現代のDNAワールドの原型ができあがった、というストーリーが描けるのです。

「それのどこにヴァイロセル仮説が出てくるのか」という疑問はごもっとも。

じつは従来の「ウイルス粒子こそ本体」という立場では、「ウイルス粒子は代謝的にはまったく不活性なので分子進化は起こらない」と考えるからです。だから、ウイルス粒子がＤＮＡをつくりだすことはできません。

しかし「ヴァイロセルが本体」と考えると、事情は一変します。活発に代謝する〝生きている〟状態なので、ＲＮＡからＤＮＡへと進化する素地になった可能性は十分にあります。

おそらくヴァイロセルは太古からずっと、遺伝子の水平移動の場として機能して、わたしたち細胞性生物の進化に一役買ってきたのでしょう。

いいえ、違いました。ウイルス目線でいえば、「細胞性生物はヴァイロセルにとって増殖の場」にすぎません。

わたしたち細胞性生物は、ヴァイロセルによって進化させられてきた、つまり**ウイルスによって人間は〝進化させられてきた〟のかもしれません。**

新しい「種の起源」になるか

ヴァイロセル仮説や、すべての生物とウイルスの祖先がDNAレプリコンであるとする「ウイルスが先」仮説など、ほんの一昔前なら、笑ってスルーされていたような学説でした。それがいまでは、一定の説得力をもつようになっています。それほど巨大ウイルスがもたらした知見にはインパクトがありました。

本書で述べてきたことを3行でまとめれば、こうなるでしょう。

【本書のまとめ】
・巨大ウイルスの祖先が、わたしたちヒトなど真核生物の共通祖先に感染した
・この結果、細胞核がもたらされた
・巨大ウイルスの祖先は、ヒトも含めたすべての生物の共通祖先である可能性がある

DNAレプリコンからは、いちはやく簡単なウイルスが登場し、つづいて生物が登場し

たと考えられます。

「ウイルスのままで進化したもの」もいれば、「もともとは（いまの定義による）生物だったのに、ミニマリストになってウイルスへと進化したもの」もいたのでしょう。その末裔《まつえい》が、ウイルスとしてわたしたちの目の前に存在しているのです。

遺伝的系統はまったく異なりますが、**ウイルスが生物に感染することで、遺伝子は絡み合うように往き来して、生物進化の原動力になってきた**のでした。

つまりいま、地球上に存在している生物はすべて「ウイルスにとって都合のいい生き物」「ウイルスのおメガネにかなった集団」といえます。

生物誕生に際しては、ウイルスにもなりえたし生物にもなりえた〝ご先祖様〟の存在があり、ウイルスが主体的に生物をつくったかどうかはともかくとして、ウイルスがいたからこそ、われわれがこの姿で、ここにいることは確かでしょう。

その意味で**「ウイルスこそわれわれ生物の創造主」**と見ることもできるでしょう（図22）。

もちろん1つ1つのウイルスにも、パラレルワールドであるウイルス界全体にも意志な

図22：ウイルスは生物の創造主

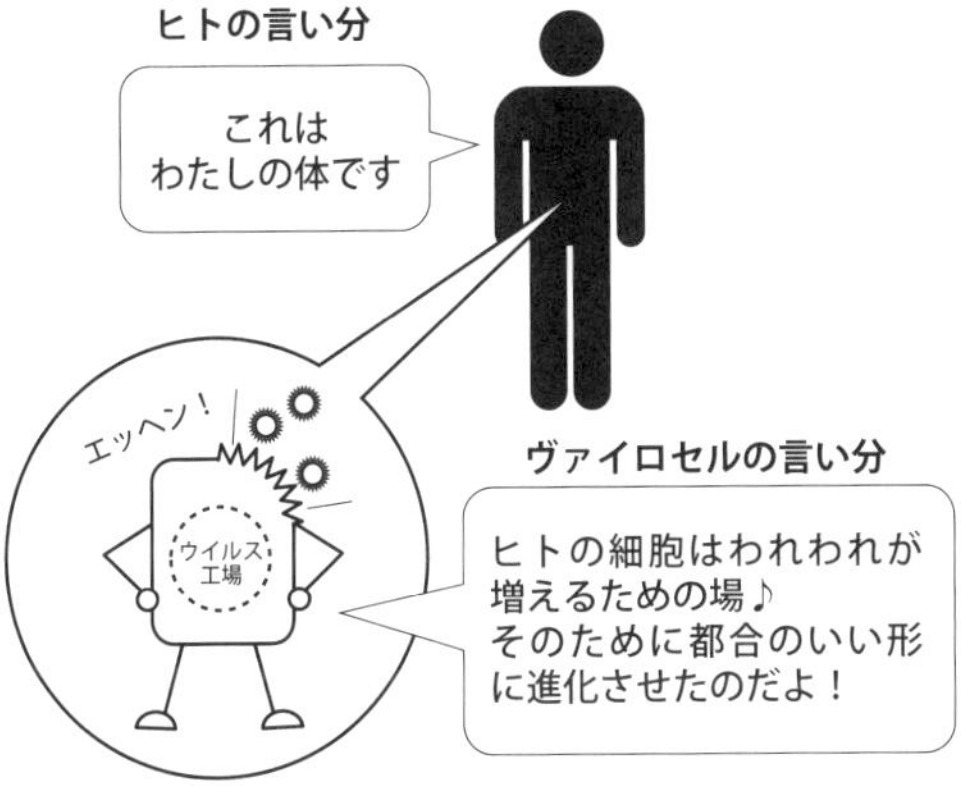
ヒトの言い分
これは
わたしの体です
エッヘン！
ウイルス
工場
ヴァイロセルの言い分
ヒトの細胞はわれわれが
増えるための場♪
そのために都合のいい形
に進化させたのだよ！

ウイルスってそんなにエライのか！

どありません。しかし「われわれ生物はウイルスが効率よく増えるための土台」であるかのように見えます。そのこと自体「生命とは何か」という哲学的な問いを内包しているように思えます。

巨大ウイルスの発見によって、想像もしなかったような新たな世界観が描けるのかもしれません。

「生物はウイルスから進化した」などというと、いまは荒唐《こうとう》無《む》稽《けい》のように聞こえるかもしれません。しかし、20年前には「巨大ウイルス」の存在など、だれも知らなかったのです。

わたしたちの前にはまだまだ未知の世界がひろがっています。これから明らかになっていくウイルスの姿のなかに、コペルニクス的転回をもたらす真理がきっとあるはずです。

■口絵クレジット

①ポックスウイルス ©Chris Bjornberg/Science Source/amanaimages
②ヒト免疫不全ウイルス (HIV) ©SCIENCE PHOTO LIBRARY/amanaimages
③鳥インフルエンザウイルス ©Chris Bjornberg/Science Source/amanaimages
④ヒトパピローマウイルス (HPV) ©James Cavallini/Science Source/amanaimages
⑤バクテリオファージ (T4 型) ©SCIENCE PHOTO LIBRARY/amanaimages
⑥インフルエンザウイルス ©Science Source/amanaimages
⑦A 型肝炎ウイルス ©Science Source/amanaimages
⑧タバコモザイクウイルス ©Science Source/amanaimages
⑨エボラウイルス ©SCIENCE PHOTO LIBRARY/amanaimages
⑩アデノウイルス ©A. PASIEKA/SCIENCE PHOTO LIBRARY/amanaimages
⑪ライノウイルス ©Science Source/amanaimages
⑫黄熱ウイルス ©Science Source/amanaimages

著者略歴

一九六九年、三重県に生まれる。一九九八年、名古屋大学大学院医学研究科修了。医学博士。名古屋大学助手等を経て、現在、東京理科大学理学部第一部教授。専門は巨大ウイルス学、生物教育学、分子生物学、細胞進化学。二〇一五年に東アジア初の巨大ウイルス「トーキョーウイルス」を発見した。

著書には『DNA複製の謎に迫る』『生命のセントラルドグマ』『たんぱく質入門』『新しいウイルス入門』『巨大ウイルスと第4のドメイン』『生物はウイルスが進化させた』(以上、講談社ブルーバックス)、『レプリカ——文化と進化の複製博物館』(工作舎)、『マンガでわかる生化学』(オーム社)、『ヤミツキ細胞生物学』(じほう)、『ろくろ首の首はなぜ伸びるのか——遊ぶ生物学への招待』(新潮新書)などがある。

ヒトがいまあるのはウイルスのおかげ！
——役《やく》に立《た》つウイルス・かわいいウイルス・創造主《そうぞうしゅ》のウイルス

二〇一九年一月一一日　第一刷発行
二〇二〇年五月一二日　第四刷発行

著者　武村政春《たけむらまさはる》

発行者　古屋信吾

発行所　株式会社さくら舎　http://www.sakurasha.com
東京都千代田区富士見一-二-一一　〒一〇二-〇〇七一
電話　営業　〇三-五二一一-六五三三　FAX　〇三-五二一一-六四八一
編集　〇三-五二一一-六四八〇　振替　〇〇一九〇-八-四〇二〇六〇

装丁　石間　淳

本文デザイン・組版　株式会社システムタンク（白石知美）

印刷・製本　中央精版印刷株式会社

ISBN978-4-86581-179-7